深圳坪山古树

冯志坚　秦新生　主编

中国林业出版社

图书在版编目（CIP）数据

深圳坪山古树 / 冯志坚，秦新生主编 . -- 北京 : 中国林业出版社，2018.5
ISBN 978-7-5038-9506-7

Ⅰ. ①深… Ⅱ. ①冯… ②秦… Ⅲ. ①树木—介绍—深圳 Ⅳ. ① S717.265.4

中国版本图书馆 CIP 数据核字 (2018) 第 064175 号

深圳坪山古树　　冯志坚　秦新生　**主编**

出版发行：中国林业出版社
地　　址：北京西城区德胜门内大街刘海胡同 7 号

策划编辑：王　斌（342855430@qq.com）
责任编辑：刘开运　张　健　吴文静　李　楠　　装帧设计：百彤文化传播公司

印　　刷：北京雅昌艺术印刷有限公司
开　　本：889 mm × 1194 mm　1/16
印　　张：16
字　　数：350 千字
版　　次：2019 年 5 月第 1 版 第 1 次印刷
定　　价：248.00 元（USD 49.99）

《深圳坪山古树》
编委会

总 策 划：陶永欣　李　勇

策　　划：代金涛　赵钟锋

主　　编：冯志坚　秦新生

编委成员：冯志云　于周全　尹　科　刘远朋　林华东　邱彩怡　邓仕清
廖　亮　曾春山　陈雪梅　袁　森　徐　茵　戴　磊　应梦云
李敏莹　卢艺菲　游莉涛　王　茫　杨　舒　何增丽　张庭玮
张　冉

编委会成员单位：

深圳市坪山区城市管理局　华南农业大学

本书野外调查和编研出版得到以下项目的支持：

坪山区古树资源普查服务项目（PSCG20160233-LY018）　国家自然科学基金（31870699）

深圳市地形地貌图

注：此图引自《深圳植物志》，由深圳市仙湖植物园管理处提供。

比例尺 1:220 000

审图号：粤S(2016)048号
注：本图所绘行政界线不作为权属依据
编制单位：深圳市易图资讯股份有限公司
编制电话：0755-83680819
业务网址：www.51emap.com
制作时间：2015年7月

目录

1 . 坪山区概况

1.1 地理位置

坪山区位于深圳市东北部，于2009年6月30日正式挂牌成立坪山新区，2016年9月调整为坪山区，是市政府派出机构，肩负着市委、市人民政府赋予的建设“科学发展示范区、综合配套改革先行区、深圳新的区域发展极”的历史使命，是深圳未来30年发展的重要战略支撑地，也是推动深圳新一轮急剧式、突变式增长的重要动力源。

坪山区总面积约166 km^2，实行高度集约的部门设置，下辖6个办事处23个社区，实际管理人口约67万人，其中户籍人口约5万人。

1.2 自然环境

坪山区自然地形主要为浅丘陵和盆地，地势舒缓。地势为西南高、东北低。中部东西走向为宽谷冲积台地和剥蚀平原；西部为低山丘陵；南部为连片山地，属砂页岩和花岗岩赤红壤。

坪山区水资源较为丰富。坪山河、坑梓河为境内的主要河流，坪山河是深圳市五大河流之一，属东江水系淡水河的一级支流，发源于三洲田梅沙尖，在兔岗岭下入惠阳境内。流域水系呈梳状，支流主要发育在右岸，有三洲田水、碧岭水、汤坑水、大山陂水、赤坳水、墩子水、石溪河等7条。坑梓河发源于松子坑，经坑梓流入龙岗河。境内有竹坑、松子坑、石桥沥等众多水库，总水面面积约1 524 hm^2，其中西部松子坑水库面积达54 hm^2，是深圳市东部引水工程的储水库区之一。

1.3 气候条件

坪山区属亚热带季风性气候，降水丰富。常年平均气温22.5℃，极端气温最高38.7℃，最低0.2℃。无霜期为355天，年平均降水量1924.3 mm，平均日照时数2120.5小时。

1.4 植被资源

坪山区植被保护较好，植物资源丰富。不少村后山还保存有风水林。区内的植被类型以南亚热带季风常绿阔叶林为主，构成树种以黧蒴栲（*Castanopsis fissa*）、米槠（*C. carlesii*）、青冈（*Cyclobalanopsis glauca*）、假苹婆（*Sterculia lanceolata*）、红鳞蒲桃（*Syzygium hancei*）、白车（*S. levinei*）、水翁（*Cleistocalyx operculatus*）、白颜树（*Gironniera subaequalis*）、网脉山龙眼（*Helicia reticulata*）等为主。村前村后有不少的人工果林，主要有龙眼林、荔枝林、竹林、梅林等。城区以人工构建的绿地为主。

1.5 经济发展

坪山区经济和各项事业取得较快发展，已具备一定的产业和经济基础。2009年以来，坪山区全力抗击国际金融危机，加快转变增长方式，大力推进结构调整，经济运行平稳向好，社会发展稳定和谐。2016年坪山区生产总值突破500亿元，实现财政收入157.6亿元。

2. 古树名木的概念与保护意义

2.1 古树名木的概念

根据全国绿化委员会、国家林业局2001年颁布的《全国古树名木普查建档技术规定》（全绿字[2001]15号），古树（ancient tree）指树龄在100年以上的木本植物；名木（famous tree）指稀有珍贵木本植物、具有历史价值、科研价值或者重要纪念意义的木本植物；古树的后续资源（ancient tree follow-up resources）指树龄在80年以上100年以下的木本植物。

古树名木分级（ancient tree & famous tree classification）：古树分国家一、二、三级，500年以上（含500年）为国家一级古树树龄，300~499年之间为国家二级古树树龄，100~299年之间为国家三级古树树龄；国家级名木不受年龄限制，不分级。

2.2 保护古树名木的意义

古树名木是有生命的古文物，是重要的风景资源，是大自然赐给人类极其宝贵的财富。生长年代较远久的树木，树形奇特，苍劲古老，又由于它是活的历史文物，是乡土风景资源的典型代表，故人们把古树看作是民族文化悠久和文明古国的象征。古树的生长和地带的分布也是长期适应自然环境的结果，是自然历史过程的活见证，对于探索自然地理环境变迁，植物区系发生、发展具有十分重要的意义，也是体现古代人工栽培、引种、驯化等科学技术发展的珍贵标本。在旅游事业不断发展的今天，古树名木以其古朴典雅的姿态，吸引人们去观览，成为意义非凡的景观。古树名木是城市绿化的重要组成部分，是一种无法再生的自然遗产，更是珍贵的文化遗产。古树名木是在特定的地理条件下形成的生态景观，是历史的见证，人类文明的象征，是城市人文景观和自然景观的综合载体。因此，保护和管理好古树名木，对于建设社会主义精神文明，开展文化科学研究和发展旅游事业都具有重要的现实意义。国家对保护古树名木十分重视，2000年建设部颁发《城市古树名木保护管理办法》，对古树名木的分类、保护管理部门、监督管理部门、古树名木保护管理的界限等均制定了详尽的规则。

3. 坪山区古树名木调查内容与方法

3.1 调查内容

本书项目组在前人基础上，于2012年开展了第一次较为全面的古树调查，并于2016年和2018年复查坪山区古树名木的各类调查数据，全面复查坪山区古树名木生长状况及保护措施现状，补充调查坪山区未列入古树名木情况及准古树名木情况。

3.2 调查方法

3.2.1 访问座谈

向当地林业主管部门和街道办事处有关人员了解当地古树名木分布状况，访问当地居民，了解古树名木的年龄、历史渊源和文化价值等。

3.2.2 文献资料查阅

查阅有关当地古树名木分布状况、有关古树名木记载情况的资料，收集民间的传说等进行分析。

3.2.3 实地调研

对选中的古树名木进行树高、胸径、地围和冠幅的实地测量，记录古树名木的特征、生长状况、立地环境条件、病虫害危害状况、古树名木的位置、所处经纬度、保护措施等，并拍摄照片。凡现场有文字、树牌、匾额的，均详细记录。对古树名木的树龄，一方面通过询问当地老人对该古树生存历史的传说与回忆来推断，同时也通过详细分析广东现有古树中不同树种的生长特性来进行估测。

4. 坪山区古树名木调查结果

4.1 古树名木数量与树种组成

经过2012、2016和2018年3次调查的统计结果显示，坪山区现记录有古树12种153棵（表4-1），分属于8科11属。其中，榕树、樟树、龙眼为该地区的常见古树树种。少部分种类因权属不清等原因暂不列入。

4.2 古树名木生长与保护状况

坪山区古树名木总体上生长状况良好。其中，榕树普遍长势较好，部分龙眼、荔枝、水翁、樟树等因人为干扰长势较差。影响古树生长的因素主要有：虫害（粉蚧、白蚁等）、枯枝、断枝、树洞、寄生和缠绕植物等。目前古树大部分有保护责任人，有较好的管护措施。

4.3 古树名木的分布

此次调查的范围是坪山区的6个街道21个社区(表4-2)，统计结果显示坑梓街道古树数量最多，共有45棵，占全区古树总数的29.4%；其次是坪山街道，共有古树34棵，占全区古树总数的22.2%。坑梓街道沙田社区古树分布最为集中，有古树34棵；其次是坪山街道的六联社区，有古树14棵。

表4-1 坪山区古树树种及其数量统计

树 种	科 名	古树数量（棵）
榕树（*Ficus microcarpa*）	桑科	55
樟树（*Cinnamomum camphora*）	樟科	36
龙眼（*Dimocarpus longana*）	无患子科	26
荔枝（*Litchi chinensis*）	无患子科	10
水翁（*Cleistocalyx operculatus*）	桃金娘科	9
秋枫（*Bischofia javanica*）	大戟科	5
红鳞蒲桃（红车）（*Syzygium hancei*）	桃金娘科	4
朴树（*Celtis sinensis*）	榆科	3
笔管榕（*Ficus subpisocarpa*）	桑科	2
杧果（*Mangifera indica*）	漆树科	1
人面子（*Dracontomelon duperreanum*）	漆树科	1
白兰（*Michelia alba*）	木兰科	1
合 计		153

表 4-2　坪山区各街道古树分布统计表

街道办	社　区	古树数量（棵）	占坪山区古树比例（%）
碧岭	碧岭	11	7.19
	汤坑	3	1.96
	沙湖	9	5.88
坑梓	金沙	1	0.65
	沙田	34	22.22
	秀新	10	6.54
龙田	老坑	6	3.92
	龙田	4	2.61
	南布	8	5.23
	竹坑	2	1.31
马峦	马峦	8	5.23
	江岭	6	3.92
	坪环	1	0.65
	沙茔	1	0.65
坪山	坪山	3	1.96
	和平	5	3.27
	六联	14	9.15
	六和	12	7.84
石井	石井	2	1.31
	金龟	6	3.92
	田心	7	4.58

5. 坪山区古树名木保护对策

5.1 加强保护责任落实

保护管理古树名木，弘扬植绿、爱绿、护绿传统，建设生态文明是目标，要按照政府指导、社会监督、分级负责、属地管理的原则，明确管护主体，落实资金投入，强化管护责任，使全区的古树名木得到有效保护，成为美丽城区的载体，实现人与自然和谐相处。

5.2 加强保护宣传工作

开展古树名木保护宣传，普及知识。要整理编印坪山区古树名木管护知识和宣传资料，通过新闻媒体等多种形式向社会广泛宣传保护古树名木的重大意义和管护常识，积极探索、总结推广保护古树名木的好经验、好方法，适时举办管护知识培训班，普及古树名木科学管护知识，扩大宣传面，为保护古树名木营造广泛良好的群众基础。

5.3 古树名木保护的管护措施

针对目前坪山区古树在保护方面存在的不足，建议开展下列的几项工作。

5.3.1 树池的建立

树池能有效地为古树名木提供必要的生存空间，并且能美化环境，使古树名木避免被其他植物危害和人为的破坏，同时也方便其他复壮技术的实施。树池可用砖彻，表面用饰面砖装饰，可采用直径为 4 m 方形或圆形树池，也可因地制宜采用其他形状的树池。

5.3.2 逐树挂牌

对古树名木逐树挂牌，挂牌名称统一为“古树名木保护标牌”，统一编号，书写内容由上到下依次为树名（拉丁名）、科名拉丁名、树龄、编号、设立单位及时间。标牌为长方形的防锈金属材料，规格为 40 ㎝ ×30 ㎝，颜色可采用蓝底白字，字迹清楚、耐久，标牌紧固于花岗岩面板上并用基座固定于树池内，离地面约 40 ㎝。

5.3.3 进行常规的古树养护

开展常规性的古树养护管理，清理树体上铁钉、缠绕铁丝、绳索、悬挂杂物等，以保护树皮。发现伤疤和树洞要及时修补。 进行树池的松土与地被植物管护，保持土壤湿润、透气，根据不同树种对水分的不同要求进行浇水或排水，高温干旱季节土壤极端干燥缺水时应浇透。每年进行 2 次施肥，施肥方法可采用穴施、放射性沟施。树体不稳时需进行支撑加固，定期检查古树名木的生长状况和病虫害情况，及时进行病虫害防治。

5.4 古树名木保护的远期规划

5.4.1 古树群保护与社区公园建设的建议

此次调查中发现坑梓街道沙田社区下廖村中的古树分布很集中，对这些集中分布的古树，可以结合当地的文化特色和古树的历史价值，进行统一规划设计，建设为社区公园。这样不但能保护古树名木，而且能起到宣传与教育的作用。

5.4.2 准古树的统一管理

对调查中树龄未达到古树 100 年标准而未列入古树保护行列的准古树，应建立档案，便于日后跟踪与复查，及时更新其年龄与生长状态数据，并实施日常管理与维护，在到达古树年龄时正式入册建立标牌。今后在古树名木复查时，应对区域内达到 80 年的大树进行登记，并对其做到适当保护。

5.4.3 古树名木生长的环境指标测定

对各古树的土壤通气性、土壤自然含水量、土壤矿质营养、土壤有机质、树种光环境因子、光合作用效力等不同指标进行测定，为分析和解决古树的复壮提供科学依据。

5.4.4 复壮技术的应用

针对区内的一些树龄大、长势较差、生存空间较差的古树，可采用相关的复壮技术如拆除硬质铺装、改用透气砖铺装、插管透气、喷施叶面肥等复壮技术，使其恢复生机。

6. 坪山区古树树种概览（按中文名称拼音排序）

6.1 白兰

【别名】白兰花，白玉兰

【学名】*Michelia alba* DC.

【科属】木兰科　含笑属

【特征】常绿大乔木，高达 25m；幼枝及芽绿色，密被淡黄白色微柔毛。叶薄革质，椭圆形或披针状椭圆形，长 10~27cm，宽 4~9.5cm，先端长渐尖或尾状渐尖，基部楔形，正面亮绿色，背面疏生微柔毛；托叶痕几达叶柄中部。花极香，白色；花被片 10，披针形；雌蕊群被微柔毛。聚合果熟时红色。花期 4~9 月，果熟期 10~11 月。

【分布】原产印度尼西亚。现广植于东南亚，我国长江流域以南各地有栽培。

【习性】喜高温高湿。幼苗较耐荫，成年植株喜阳光充足，忌水涝。喜肥沃、疏松和排水良好的壤土。

【栽培】高压或嫁接繁殖，春季为适期。大树具深根性，移植困难，宜提前半年做断根处理。春至夏季每 2~3 个月施肥 1 次，以有机肥为佳，或增施磷、钾肥，以促进开花。

【用途】花洁白清香，花期长；叶色浓绿。为著名的庭园观赏树种，多栽为行道树。花可提取香精或用于薰茶，也可提制浸膏供药用，有行气化浊、治咳嗽等功效。鲜叶可提取精油。

6.2 笔管榕

【学名】*Ficus subpisocarpa* Gagnep.

【科属】桑科　榕属

【特征】落叶或半落叶大乔木，有时具气生根；树皮黑褐色，无毛；小枝淡红色。叶互生或集生枝顶，近纸质，椭圆形至长圆形；长 10~15cm，宽 4~6cm；先端短渐尖至急尖，基部圆形。夏、秋间开花，生于榕果内壁。榕果球形，成熟时紫红色。

【分布】产于我国华南地区以及东南亚各国。

【习性】喜光，喜温暖、湿润气候，喜疏松、排水良好的土壤。

【栽培】扦插或播种繁殖。

【用途】树姿雄伟壮观，浓荫蔽地，可单植或群植庭园，或列植作行道树。为良好的蔽荫树。

6.3 红鳞蒲桃

【别名】红车

【学名】*Syzygium hancei* Merr. et L. M. Perry

【科属】桃金娘科　蒲桃属

【特征】乔木，高达20m；树皮老时暗红色，纵向剥裂；嫩枝圆形，暗红色。叶椭圆形，长3~7cm，宽1.5~4cm，先端钝，基部宽楔形。夏秋季开花，花无柄，复聚伞花序腋生，长1~1.5cm；花蕾倒卵形。果近球形，于次年春季成熟。

【分布】产我国广东、海南、广西、福建等地。

【习性】喜光，喜温热气候和湿润酸性土壤，稍耐贫瘠，但生长较缓慢。

【栽培】播种繁殖。

【用途】树形美丽，嫩叶红色，老叶叶色翠绿，是优良的野生观赏资源。

6.4 荔枝

【别名】离枝

【学名】*Litchi chinensis* Sonn.

【科属】无患子科　荔枝属

【特征】常绿乔木。叶面亮绿有光泽，叶背粉绿。春季开绿白或淡黄的小花。夏秋果熟，核果果皮暗红色，密生瘤状突起。种子褐色发亮，为白色多汁肉质甘甜的假种皮所包。花期春季，果期夏季。

【分布】产我国广东、广西、福建、云南、四川等地。

【习性】喜温暖湿润环境，喜光，喜疏松肥沃的土壤。

【栽培】用播种或高压等繁殖。一般在 2~4 月定植，“清明”前后种植最易成活， 6~7 月雨季结束前或秋季有雨水时也可定植。栽培时注意搭配不同品种，以利授粉。

【用途】树形开阔呈圆形，枝叶茂盛，果色红艳，是优良的观果树，宜列植、片植作园景树、行道树等。

6.5 龙眼

【别名】桂圆

【学名】*Dimocarpus longana* Lour.

【科属】无患子科　龙眼属

【特征】常绿乔木，有板状根。偶数羽状复叶互生，小叶革质，长圆形。圆锥花序顶生或腋生，小花黄白色，杂性。核果球形，熟时果皮壳质。花期 3~4 月；果期 7~8 月。

【分布】产我国西南、华南等地。亚洲南部和东南部也常有栽培。

【习性】喜温暖、湿润环境，不耐寒。

【栽培】7~8 月果实成熟呈黄褐色时采摘。种子寿命短，除去果壳后即行播种。栽培品种用嫁接繁殖。

【用途】可用作行道树，或作庭园绿化树。也可作造林树种。

6.6 杧果

【别名】芒果、莽果

【学名】*Mangifera indica* L.

【科属】漆树科　杧果属

【特征】常绿乔木，高 10~20m。单叶互生，常聚生枝顶，薄革质，叶的形状和大小变化较大，通常为长圆状披针形或长圆形；长 12~30cm，宽 3.5~6.5cm，先端渐尖、长渐尖或急尖，基部楔形或近圆形，边缘皱波状。侧脉 20~25 对，斜升，两面突起。圆锥花序顶生，长 20~35cm，尖塔形，多花密集；苞片披针形，长约 1.5mm；花小，杂性，黄色或淡黄色；萼片 5，卵状披针形；花瓣 5，长圆形或长圆状披针形，长 3.5~4mm，宽约 1.5mm。核果大，卵圆形或长圆形或近肾形，外果皮成熟时黄色。花期春季；果期夏季。

【分布】原产印度、孟加拉国、中南半岛和马来西亚等，世界热带、南亚热带各地广为引种栽培。

【习性】喜光，喜高温多湿气候，抗风、抗大气污染。

【栽培】用播种或芽接法繁殖。土壤要保持湿润疏松。幼龄树可每年施 5~6 次粪肥，每次每株施粪肥 10~15kg，并加 50g 化肥。结果树可每年施肥 3 次。

【用途】素有“热带果王”之称，与香蕉、菠萝并称世界三大名果。其树型美观，叶色常绿，抗污力强，适合作园林绿化及行道树。

6.7 朴树

【别名】黄果朴、小叶朴

【学名】*Celtis sinensis* Pers.

【科属】榆科　朴属

【特征】落叶乔木，树冠近椭圆状伞形。叶多而密，多为卵形或卵状椭圆形，先端尖至渐尖。春季于叶腋生出黄绿色的花朵。核果秋季成熟，近球形，成熟时红褐色，一般直径5~7mm，常可吸引鸟类采食。花期3~4月；果期9~10月。

【分布】产我国长江中下游及以南地区。越南和老挝也有分布。

【习性】喜光，喜温暖湿润气候，适应性强，耐干旱或贫瘠，抗风、抗污染。

【栽培】播种繁殖，于春季进行，定植后，生长颇迅速；对土质要求不严，栽培地全日照、半日照生长均理想。

【用途】树冠有较好的绿荫效果，为良好的庭园风景树和绿荫树。

6.8 秋枫

【别名】加冬、赤木

【学名】*Bischofia javanica* Bl.

【科属】大戟科　秋枫属

【特征】常绿或半常绿大乔木，高达40m，树皮灰褐色至棕褐色。三出复叶，小叶卵形，纸质，顶端急尖，基部宽楔形至钝，边缘有浅锯齿。雌雄异株，圆锥花序腋生。果浆果状，圆球形，褐色或淡红色。花期4~5月，果期8~10月。

【分布】产我国长江以南各地。印度、中南半岛、印度尼西亚、菲律宾、日本、澳大利亚也有分布。

【习性】喜阳光充足，喜温暖湿润气候，耐瘠薄。

【栽培】播种繁殖。

【用途】树干挺拔，树冠宽阔，优良的河堤绿化和行道树树种。

6.9 人面子

【别名】人面树、银莲果

【学名】*Dracontomelon duperreanum* Pierre

【科属】漆树科　人面子属

【特征】常绿大乔木，高达 25m。叶互生，奇数羽状复叶，长 30~45cm，有小叶 5~7 对；小叶通常互生，近革质，下部小叶较小，向上逐渐增大，长圆形，长 5~14.5cm，宽 2.5~4.5cm，先端渐尖，基部常偏斜，阔楔形或近圆形，全缘，叶背脉腋具灰白色簇毛，侧脉 8~9 对，近边缘处弧形上升，侧脉和细脉两面突起。圆锥花序顶生或腋生，长 10~23cm；花白色；萼片 5，阔卵形或卵状椭圆形，先端钝；花瓣 5，覆瓦状排列，披针形或狭长圆形。核果扁球形，长约 2cm，径约 2.5cm，成熟时黄色。花期 5~6 月；果期 8~9 月。

【分布】产我国广东、海南、广西南部及云南东南部。越南也有分布。

【习性】生性强健，喜温暖至高温气候，不耐寒。

【栽培】播种繁殖，春秋季为适期。不择土质，但以砂质壤土为佳，排水、日照需良好。土壤常保持湿润则生长旺盛。春至夏季施肥 2~3 次。

【用途】树干通直，树冠近塔形，为优良的庭园树、行道树。

6.10 榕树

【别名】细叶榕、小叶榕

【学名】*Ficus microcarpa* L. f.

【科属】桑科　榕属

【特征】常绿大乔木，高达20~30m；全株有白色乳汁；老树常具锈褐色气根；树冠庞大，呈伞状。叶薄革质，亮绿色；椭圆形；长4~8cm，宽3~4cm；全缘。隐头花序单个或对生于叶腋，球形，熟后淡红色。榕果成对腋生或生于已落叶枝叶腋，熟时黄或微红色，扁球形，直径6~8mm，无总柄，基生苞片3，广卵形，宿存。花果期5~12月。

【分布】原产我国南方大部分地区。印度、缅甸、马来西亚亦产。

【习性】喜温暖多雨气候和肥沃、湿润、酸性土壤，耐旱；在亚热带南部及热带地区的普通土壤上均能生长。适应性强，生长快速，栽培容易。

【栽培】可用种子播种或扦插繁殖，以扦插为主；可于3月选取粗约1cm、具有饱满腋芽的健壮枝条作插穗，其长度为15~20cm。排水良好而黏性不强的土壤均能成长，栽培处日照需良好，春至秋季是生育盛期。

【用途】为重要的绿化树种，宜作庭荫树或行道树，可任意修剪成各种形状，也可作盆景。在郊外风景区宜群植成林，亦适用于河湖堤岸绿化。

6.11 水翁

【别名】水榕

【学名】*Cleistocalyx operculatus* (Roxb.) Merr. et L. M. Perry

【科属】桃金娘科　水翁属

【特征】乔木，高可达 15m。树皮灰褐色，有块状剥落，树干分枝多。叶薄革质，长圆形至椭圆形，长约 20cm，先端急尖，基部阔楔形。夏季开小花，组成圆锥状的花序，生于无叶的老枝上，花梗短。浆果卵形，成熟后紫黑色。花期 5~6 月。

【分布】产我国广东、广西、云南等地。中南半岛、印度尼西亚和大洋洲地区也有分布。

【习性】喜光，喜高温多湿气候，不耐寒，不耐旱。喜生于水边，为固堤树种之一。

【栽培】播种繁殖，于春季进行。喜肥沃、湿润、排水良好的壤土。主根深，须根少，不易移栽。每年早春适当修剪整形。

【用途】树冠开阔，树姿优美，叶色浓绿，适作园林风景树和行道树。

6.12 樟树

【别名】香樟、樟

【学名】*Cinnamomum camphora* (L.) J. Presl

【科属】樟科　樟属

【特征】常绿乔木，高可达 30m，胸径达 3m。树冠宽广，枝叶具樟脑香气，小枝无毛。叶薄革质，互生，卵状椭圆形，长 6~12cm，宽 2.5~6.5cm，先端急尖，基部宽楔形至近圆形，边缘稍波状；正面黄绿色，有光泽，背面无毛或初时微被短柔毛；离基三出脉。聚伞花序；花黄白色或黄绿色，长约 2mm。果卵球形，直径 6~8mm，熟时紫黑色；果托浅杯状，边缘全缘。花期 4~5 月；果期 8~11 月。

【分布】产我国西南至华南及华东地区。越南、朝鲜和日本也有分布。

【习性】喜光、喜温暖湿润气候，抗风和抗大气污染，并有吸收灰尘和噪音的功能，幼树稍耐阴，不耐旱和瘠瘦，忌积水。

【栽培】播种繁殖，宜即采即播。大树移植宜在春初展叶前进行，并提前 3 个月做断根处理。

【用途】树冠宽阔，树姿雄伟，叶全年茂密翠绿，有挥发性樟脑香味；绿荫效果甚佳，极具亚热带风光，为优良的庭园风景树、行道树和绿荫树。

7. 坪山区各街道古树概览（按街道名称拼音排序）

7.1 碧岭街道

古树名木每木调查表

古树编号	44031000400300099（原编号：02080034 ）				
树种	中文名：榕树				
	拉丁名：*Ficus microcarpa* L.f.　　科：桑科　　属：榕属				
位置	乡（镇、街道）：碧岭　　村委会（居委会）：碧岭　　小地名：上沙村，沙坑二路园山寺观音庙大院				
	生长场所：①乡村√ ②城区				
	经度（WGS84 坐标系）：114.277923			纬度（WGS84 坐标系）：22.663436	
特点	①散生√ ②群状		权属	①国有 ②集体√ ③个人 ④其他	
树龄	估测树龄：210 年				
古树等级	①一级 ②二级 ③三级√	树高：16 m			胸围：742 cm
冠幅	平均：30 m	东西：25 m			南北：30 m
生长势	①正常株√ ②衰弱 ③濒危 ④死亡			生长环境	①好 ②中√ ③差
影响生长环境因素	树下香火旺盛				
管护单位	碧岭街道办事处			管护人	碧岭街道办事处工作人员
树种鉴定记载	由调查小组现场认定，并拍照记录相关信息				

古树名木每木调查表

<table>
<tr><th>古树编号</th><th colspan="5">44031000400300101（原编号：02080163）</th></tr>
<tr><td rowspan="2">树种</td><td colspan="5">中文名：荔枝</td></tr>
<tr><td colspan="5">拉丁名：Litchi chinensis Sonn.　　科：无患子科　　属：荔枝属</td></tr>
<tr><td rowspan="3">位置</td><td colspan="5">乡(镇、街道)：碧岭　　村委会（居委会）：碧岭　　小地名：上沙村，沙坑二路园山寺观音庙后山</td></tr>
<tr><td colspan="5">生长场所：①乡村√ ②城区</td></tr>
<tr><td colspan="3">经度（WGS84 坐标系）：114.277726</td><td colspan="2">纬度（WGS84 坐标系）：22.663132</td></tr>
<tr><td>特点</td><td colspan="2">①散生 ②群状√</td><td>权属</td><td colspan="2">①国有 ②集体√ ③个人 ④其他</td></tr>
<tr><td>树龄</td><td colspan="5">估测树龄：110 年</td></tr>
<tr><td>古树等级</td><td>①一级 ②二级 ③三级√</td><td colspan="3">树高：12 m</td><td>胸围：201 cm</td></tr>
<tr><td>冠幅</td><td>平均：9 m</td><td colspan="3">东西：8 m</td><td>南北：10 m</td></tr>
<tr><td>生长势</td><td colspan="3">①正常株 √ ②衰弱 ③濒危 ④死亡</td><td>生长环境</td><td>①好√ ②中 ③差</td></tr>
<tr><td>影响生长环境因素</td><td colspan="5">有树池保护，树下香火旺盛，有断枝和枯枝</td></tr>
<tr><td>管护单位</td><td colspan="3">碧岭街道办事处</td><td>管护人</td><td>碧岭街道办事处工作人员</td></tr>
<tr><td>树种鉴定记载</td><td colspan="5">由调查小组现场认定，并拍照记录相关信息</td></tr>
</table>

古树名木每木调查表

古树编号	44031000400300102（原编号：02080164 ）			
树种	中文名：荔枝			
	拉丁名：*Litchi chinensis* Sonn.　　科：无患子科　　属：荔枝属			
位置	乡(镇、街道)：碧岭　　村委会（居委会）：碧岭　　小地名：上沙村，沙坑二路园山寺观音庙后山			
	生长场所：①乡村√ ②城区			
	经度（WGS84 坐标系）：114.277673		纬度（WGS84 坐标系）：22.663105	
特点	①散生 ②群状√	权属	①国有 ②集体√ ③个人 ④其他	
树龄	估测树龄：160 年			
古树等级	①一级 ②二级 ③三级√	树高：13 m		胸围：220 cm
冠幅	平均：8 m	东西：9 m		南北：7 m
生长势	①正常株 √ ②衰弱 ③濒危 ④死亡		生长环境	①好 ②中√ ③差
影响生长环境因素	有树池保护，树下香火旺盛，有断枝和枯枝			
管护单位	碧岭街道办事处		管护人	碧岭街道办事处工作人员
树种鉴定记载	由调查小组现场认定，并拍照记录相关信息			

右边第二棵

古树名木每木调查表

<table>
<tr><th>古树编号</th><th colspan="5">44031000400300103（原编号：02080165 ）</th></tr>
<tr><td rowspan="2">树种</td><td colspan="5">中文名：荔枝</td></tr>
<tr><td colspan="5">拉丁名：Litchi chinensis Sonn.　　科：无患子科　　属：荔枝属</td></tr>
<tr><td rowspan="3">位置</td><td colspan="5">乡(镇、街道)：碧岭　　村委会（居委会）：碧岭　　小地名：上沙村，沙坑二路园山寺观音庙后山</td></tr>
<tr><td colspan="5">生长场所：①乡村√ ②城区</td></tr>
<tr><td colspan="3">经度（WGS84 坐标系）：114.277461</td><td colspan="2">纬度（WGS84 坐标系）：22.663121</td></tr>
<tr><td>特点</td><td colspan="2">①散生 ②群状√</td><td>权属</td><td colspan="2">①国有 ②集体√ ③个人 ④其他</td></tr>
<tr><td>树龄</td><td colspan="5">估测树龄：130 年</td></tr>
<tr><td>古树等级</td><td>①一级 ②二级 ③三级√</td><td colspan="3">树高：14 m</td><td>胸围：257 cm</td></tr>
<tr><td>冠幅</td><td>平均：11 m</td><td colspan="3">东西：12 m</td><td>南北：10 m</td></tr>
<tr><td>生长势</td><td colspan="3">①正常株 √ ②衰弱 ③濒危 ④死亡</td><td>生长环境</td><td>①好 ②中√ ③差</td></tr>
<tr><td>影响生长环境因素</td><td colspan="5">有树池保护，树下香火旺盛，有断枝和枯枝</td></tr>
<tr><td>管护单位</td><td colspan="3">碧岭街道办事处</td><td>管护人</td><td>碧岭街道办事处工作人员</td></tr>
<tr><td>树种鉴定记载</td><td colspan="5">由调查小组现场认定，并拍照记录相关信息</td></tr>
</table>

古树名木每木调查表

古树编号	44031000400300104（原编号：02080166 ）			
树种	中文名：荔枝			
	拉丁名：*Litchi chinensis* Sonn.　　科：无患子科　　属：荔枝属			
位置	乡(镇、街道)：碧岭　　村委会（居委会）：碧岭　　小地名：上沙村，沙坑二路园山寺观音庙后山			
	生长场所：①乡村√ ②城区			
	经度（WGS84 坐标系）：114.277516		纬度（WGS84 坐标系）：22.663081	
特点	①散生√ ②群状	权属	①国有 ②集体√ ③个人 ④其他	
树龄	估测树龄：110 年			
古树等级	①一级 ②二级 ③三级√	树高：12 m		胸围：168 cm
冠幅	平均：8.5 m	东西：8 m		南北：9 m
生长势	①正常株 √ ②衰弱 ③濒危 ④死亡		生长环境	①好 ②中√ ③差
影响生长环境因素	有树池保护，树下香火旺盛，有断枝和枯枝			
管护单位	碧岭街道办事处		管护人	碧岭街道办事处工作人员
树种鉴定记载	由调查小组现场认定，并拍照记录相关信息			

古树名木每木调查表

古树编号	44031000400300105（原编号：02080167 ）			
树种	中文名：荔枝			
	拉丁名：*Litchi chinensis* Sonn.　科：无患子科　属：荔枝属			
位置	乡(镇、街道)：碧岭　村委会（居委会）：碧岭　小地名：上沙村，沙坑二路园山寺观音庙后山			
	生长场所：①乡村√ ②城区			
	经度（WGS84 坐标系）：114.277618		纬度（WGS84 坐标系）：22.663034	
特点	①散生√ ②群状	权属	①国有 ②集体√ ③个人 ④其他	
树龄	估测树龄： 110 年			
古树等级	①一级 ②二级 ③三级√	树高：13 m		胸围：190 cm
冠幅	平均：7.5 m	东西：8 m		南北：7 m
生长势	①正常株 √ ②衰弱 ③濒危 ④死亡		生长环境	①好 ②中√ ③差
影响生长环境因素	有树池保护，树下香火旺盛，有断枝和枯枝			
管护单位	碧岭街道办事处		管护人	碧岭街道办事处工作人员
树种鉴定记载	由调查小组现场认定，并拍照记录相关信息			

古树名木每木调查表

古树编号	44031000400300106（原编号：02080168 ）				
树种	中文名：荔枝				
	拉丁名：*Litchi chinensis* Sonn.　科：无患子科　属：荔枝属				
位置	乡(镇、街道)：碧岭　村委会（居委会）：碧岭　小地名：上沙村，沙坑二路园山寺观音庙后山				
	生长场所：①乡村√ ②城区				
	经度（WGS84 坐标系）：114.277587			纬度（WGS84 坐标系）：22.663075	
特点	①散生√ ②群状		权属	①国有 ②集体√ ③个人 ④其他	
树龄	估测树龄： 130 年				
古树等级	①一级 ②二级 ③三级√	树高：14 m			胸围：305 cm（80 cm 处分叉）
冠幅	平均：6 m	东西：7 m			南北：5 m
生长势	①正常株 √ ②衰弱 ③濒危 ④死亡			生长环境	①好 ②中√ ③差
影响生长环境因素	有树池保护，树下香火旺盛，有断枝和枯枝				
管护单位	碧岭街道办事处			管护人	碧岭街道办事处工作人员
树种鉴定记载	由调查小组现场认定，并拍照记录相关信息				

古树名木每木调查表

古树编号	44031000400300107（原编号：02080169 ）				
树种	中文名：荔枝				
	拉丁名：*Litchi chinensis* Sonn.　　科：无患子科　　属：荔枝属				
位置	乡(镇、街道)：碧岭　　村委会（居委会）：碧岭　　小地名：上沙村，沙坑二路园山寺观音庙后山				
	生长场所：①乡村√ ②城区				
	经度（WGS84 坐标系）：114.277524			纬度（WGS84 坐标系）：22.663071	
特点	①散生√ ②群状		权属	①国有 ②集体√ ③个人 ④其他	
树龄	估测树龄： 160 年				
古树等级	①一级 ②二级 ③三级√	树高：14 m			胸围：214 cm
冠幅	平均：8.5 m	东西：10 m			南北：7 m
生长势	①正常株 √ ②衰弱 ③濒危 ④死亡			生长环境	①好√ ②中 ③差
影响生长环境因素	有树池保护，树下香火旺盛，有断枝和枯枝				
管护单位	碧岭街道办事处			管护人	碧岭街道办事处工作人员
树种鉴定记载	由调查小组现场认定，并拍照记录相关信息				

古树名木每木调查表

<table>
<tr><th>古树编号</th><th colspan="5">44031000400300108（原编号：02080170 ）</th></tr>
<tr><td rowspan="2">树种</td><td colspan="5">中文名：荔枝</td></tr>
<tr><td colspan="5">拉丁名：Litchi chinensis Sonn.　　科：无患子科　　属：荔枝属</td></tr>
<tr><td rowspan="3">位置</td><td colspan="5">乡(镇、街道)：碧岭　　村委会（居委会）：碧岭　　小地名：上沙村，沙坑二路园山寺观音庙后山</td></tr>
<tr><td colspan="5">生长场所：①乡村√ ②城区</td></tr>
<tr><td colspan="3">经度（WGS84 坐标系）：114.277607</td><td colspan="2">纬度（WGS84 坐标系）：22.663021</td></tr>
<tr><td>特点</td><td colspan="2">①散生√ ②群状</td><td>权属</td><td colspan="2">①国有 ②集体√ ③个人 ④其他</td></tr>
<tr><td>树龄</td><td colspan="5">估测树龄： 130 年</td></tr>
<tr><td>古树等级</td><td>①一级 ②二级 ③三级√</td><td colspan="3">树高：14 m</td><td>胸围：173 cm</td></tr>
<tr><td>冠幅</td><td>平均：8.5 m</td><td colspan="3">东西：9 m</td><td>南北：8 m</td></tr>
<tr><td>生长势</td><td colspan="3">①正常株 √ ②衰弱 ③濒危 ④死亡</td><td>生长环境</td><td>①好 ②中√ ③差</td></tr>
<tr><td>影响生长环境因素</td><td colspan="5">有树池保护，树下香火旺盛，有断枝和枯枝</td></tr>
<tr><td>管护单位</td><td colspan="3">碧岭街道办事处</td><td>管护人</td><td>碧岭街道办事处工作人员</td></tr>
<tr><td>树种鉴定记载</td><td colspan="5">由调查小组现场认定，并拍照记录相关信息</td></tr>
</table>

古树名木每木调查表

古树编号	44031000400300109（原编号：02080171 ）				
树种	中文名：荔枝				
	拉丁名：*Litchi chinensis* Sonn.　　科：无患子科　　属：荔枝属				
位置	乡(镇、街道)：碧岭　　村委会（居委会）：碧岭　　小地名：上沙村，沙坑二路园山寺观音庙后山				
	生长场所：①乡村√ ②城区				
	经度（WGS84 坐标系）：114.277673			纬度（WGS84 坐标系）：22.663058	
特点	①散生√ ②群状		权属	①国有 ②集体√ ③个人 ④其他	
树龄	估测树龄： 120 年				
古树等级	①一级 ②二级 ③三级√	树高：12 m			胸围：159 cm
冠幅	平均：7 m	东西：8 m			南北：6 m
生长势	①正常株 √ ②衰弱 ③濒危 ④死亡			生长环境	①好√ ②中 ③差
影响生长环境因素	有树池保护，树下香火旺盛，有断枝和枯枝				
管护单位	碧岭街道办事处			管护人	碧岭街道办事处工作人员
树种鉴定记载	由调查小组现场认定，并拍照记录相关信息				

古树名木每木调查表

<table>
<tr><td>古树编号</td><td colspan="5">44031000400300110（原编号：02080172 ）</td></tr>
<tr><td rowspan="2">树种</td><td colspan="5">中文名：荔枝</td></tr>
<tr><td colspan="5">拉丁名：Litchi chinensis Sonn.　　科：无患子科　　属：荔枝属</td></tr>
<tr><td rowspan="3">位置</td><td colspan="5">乡（镇、街道）：碧岭　　村委会（居委会）：碧岭　　小地名：上沙村，沙坑二路园山寺观音庙后山</td></tr>
<tr><td colspan="5">生长场所：①乡村√ ②城区</td></tr>
<tr><td colspan="3">经度（WGS84 坐标系）：114.277673</td><td colspan="2">纬度（WGS84 坐标系）：22.663146</td></tr>
<tr><td>特点</td><td colspan="2">①散生√ ②群状</td><td>权属</td><td colspan="2">①国有 ②集体√ ③个人 ④其他</td></tr>
<tr><td>树龄</td><td colspan="5">估测树龄：210 年</td></tr>
<tr><td>古树等级</td><td>①一级 ②二级 ③三级√</td><td colspan="3">树高：12 m</td><td>胸围：219 cm</td></tr>
<tr><td>冠幅</td><td>平均：9.5 m</td><td colspan="3">东西：10 m</td><td>南北：9 m</td></tr>
<tr><td>生长势</td><td colspan="3">①正常株 √ ②衰弱 ③濒危 ④死亡</td><td>生长环境</td><td>①好 ②中√ ③差</td></tr>
<tr><td>影响生长环境因素</td><td colspan="5">有树池保护，树下香火旺盛，有断枝和枯枝</td></tr>
<tr><td>管护单位</td><td colspan="3">碧岭街道办事处</td><td>管护人</td><td>碧岭街道办事处工作人员</td></tr>
<tr><td>树种鉴定记载</td><td colspan="5">由调查小组现场认定，并拍照记录相关信息</td></tr>
</table>

古树名木每木调查表

古树编号	44031000400100085（原编号：02080019 ）				
树种	中文名：龙眼				
	拉丁名：*Dimocarpus longana* Lour.　　科：无患子科　　属：龙眼属				
位置	乡(镇、街道)：碧岭　　村委会（居委会）：沙湖　　小地名：复兴村，小厂区后面				
	生长场所：①乡村√ ②城区				
	经度（WGS84 坐标系）：114.323098			纬度（WGS84 坐标系）：22.673125	
特点	①散生√ ②群状		权属	①国有√ ②集体 ③个人 ④其他	
树龄	估测树龄：160 年				
古树等级	①一级 ②二级 ③三级√	树高：6 m			胸围：157 cm
冠幅	平均：4 m	东西：4 m			南北：4 m
生长势	①正常株 ②衰弱√ ③濒危 ④死亡			生长环境	①好 ②中√ ③差
影响生长环境因素	有断枝和枯枝、树木濒临死亡				
管护单位	碧岭街道办事处			管护人	碧岭街道办事处工作人员
树种鉴定记载	由调查小组现场认定，并拍照记录相关信息				

古树名木每木调查表

<table>
<tr><td>古树编号</td><td colspan="5">44031000400100087（原编号：02080021 ）</td></tr>
<tr><td rowspan="2">树种</td><td colspan="5">中文名：榕树</td></tr>
<tr><td colspan="5">拉丁名：Ficus microcarpa L. f.　　科：桑科　　属：榕属</td></tr>
<tr><td rowspan="3">位置</td><td colspan="5">乡(镇、街道)：碧岭　　村委会（居委会）：沙湖　　小地名：复兴村，原苗圃场内</td></tr>
<tr><td colspan="5">生长场所：①乡村√ ②城区</td></tr>
<tr><td colspan="3">经度（WGS84 坐标系）：114.322573</td><td colspan="2">纬度（WGS84 坐标系）：22.673746</td></tr>
<tr><td>特点</td><td colspan="2">①散生√ ②群状</td><td>权属</td><td colspan="2">①国有 ②集体√ ③个人 ④其他</td></tr>
<tr><td>树龄</td><td colspan="5">估测树龄：120 年</td></tr>
<tr><td>古树等级</td><td>①一级 ②二级 ③三级√</td><td colspan="3">树高：13 m</td><td>胸围：454 cm (30 cm 处分叉)</td></tr>
<tr><td>冠幅</td><td>平均：24 m</td><td colspan="3">东西：26 m</td><td>南北：22 m</td></tr>
<tr><td>生长势</td><td colspan="3">①正常株√ ②衰弱 ③濒危 ④死亡</td><td>生长环境</td><td>①好 ②中√ ③差</td></tr>
<tr><td>影响生长环境因素</td><td colspan="5">正常</td></tr>
<tr><td>管护单位</td><td colspan="3">碧岭街道办事处</td><td>管护人</td><td>碧岭街道办事处工作人员</td></tr>
<tr><td>树种鉴定记载</td><td colspan="5">由调查小组现场认定，并拍照记录相关信息</td></tr>
</table>

古树名木每木调查表

古树编号	44031000400100086（原编号：02080020 ）				
树种	中文名：水翁				
	拉丁名：*Cleistocalyx operculatus* (Roxb.) Merr. et L. M. Perry		科：桃金娘科		属：水翁属
位置	乡(镇、街道)：碧岭	村委会（居委会）：沙湖		小地名：复兴村，原苗圃场内	
	生长场所：①乡村√ ②城区				
	经度（WGS84 坐标系）：114.322649			纬度（WGS84 坐标系）：22.673579	
特点	①散生√ ②群状		权属	①国有 ②集体√ ③个人 ④其他	
树龄	估测树龄：110 年				
古树等级	①一级 ②二级 ③三级√	树高：10 m			胸围：411 cm (45cm 处分叉)
冠幅	平均：7 m	东西：8 m			南北：6 m
立地条件	海拔：52				土壤类型：褐土
生长势	①正常株√ ②衰弱 ③濒危 ④死亡		生长环境		①好 ②中√ ③差
影响生长环境因素	原生环境被破坏				
管护单位	碧岭街道办事处		管护人		碧岭街道办事处工作人员
树种鉴定记载	由调查小组现场认定，并拍照记录相关信息				

古树名木每木调查表

古树编号	44031000400100088（原编号：02080022 ）		
树种	中文名：榕树		
	拉丁名：*Ficus microcarpa* L. f.　　科：桑科　　属：榕属		
位置	乡(镇、街道)：碧岭　　村委会（居委会）：沙湖　　小地名：复兴村，原苗圃场		
	生长场所：①乡村√ ②城区		
	经度（WGS84 坐标系）：114.322738		纬度（WGS84 坐标系）：22.674315
特点	①散生√ ②群状	权属	①国有 ②集体√ ③个人 ④其他
树龄	估测树龄：110 年		
古树等级	①一级 ②二级 ③三级√	树高：15 m	胸围：647 cm
冠幅	平均：23 m	东西：23 m	南北：23 m
生长势	①正常株√ ②衰弱 ③濒危 ④死亡	生长环境	①好 ②中√ ③差
影响生长环境因素	树下香火旺盛		
管护单位	碧岭街道办事处	管护人	碧岭街道办事处工作人员
树种鉴定记载	由调查小组现场认定，并拍照记录相关信息		

古树名木每木调查表

<table>
<tr><td>古树编号</td><td colspan="5">44031000400100089（原编号：02080023 ）</td></tr>
<tr><td rowspan="2">树种</td><td colspan="5">中文名：龙眼</td></tr>
<tr><td colspan="5">拉丁名：Dimocarpus longana Lour.　　科：无患子科　　属：龙眼属</td></tr>
<tr><td rowspan="3">位置</td><td colspan="5">乡(镇、街道)：碧岭　　村委会（居委会）：沙湖　　小地名：新屋村，新屋路1号，新横坪公路汤坑段南侧</td></tr>
<tr><td colspan="5">生长场所：①乡村√ ②城区</td></tr>
<tr><td colspan="3">经度（WGS84 坐标系）：114.312666</td><td colspan="2">纬度（WGS84 坐标系）：22.675001</td></tr>
<tr><td>特点</td><td colspan="2">①散生√ ②群状</td><td>权属</td><td colspan="2">①国有 ②集体 ③个人√ ④其他</td></tr>
<tr><td>树龄</td><td colspan="5">估测树龄：210 年</td></tr>
<tr><td>古树等级</td><td>①一级 ②二级 ③三级√</td><td colspan="3">树高：8.5 m</td><td>胸围：134 cm</td></tr>
<tr><td>冠幅</td><td>平均：7 m</td><td colspan="3">东西：6 m</td><td>南北：8 m</td></tr>
<tr><td>生长势</td><td colspan="3">①正常株√ ②衰弱 ③濒危 ④死亡</td><td>生长环境</td><td>①好 ②中√ ③差</td></tr>
<tr><td>影响生长环境因素</td><td colspan="5">正常</td></tr>
<tr><td>管护单位</td><td colspan="3">碧岭街道办事处</td><td>管护人</td><td>碧岭街道办事处工作人员</td></tr>
<tr><td>树种鉴定记载</td><td colspan="5">由调查小组现场认定，并拍照记录相关信息</td></tr>
</table>

古树名木每木调查表

古树编号	44031000400100090（原编号：02080024）				
树种	中文名：龙眼				
	拉丁名：*Dimocarpus longana* Lour.　　科：无患子科　　属：龙眼属				
位置	乡(镇、街道)：碧岭　　村委会（居委会）：沙湖　　小地名：新屋村，新屋路1号，新横坪公路汤坑段南侧				
	生长场所：①乡村√ ②城区				
	经度（WGS84坐标系）：114.312655			纬度（WGS84坐标系）：22.674988	
特点	①散生√ ②群状		权属	①国有 ②集体 ③个人√ ④其他	
树龄	估测树龄：160年				
古树等级	①一级 ②二级 ③三级√	树高：15 m			胸围：285 cm
冠幅	平均：11 m	东西：12 m			南北：10 m
生长势	①正常株 ②衰弱√ ③濒危 ④死亡			生长环境	①好 ②中√ ③差
影响生长环境因素	较差				
管护单位	碧岭街道办事处			管护人	碧岭街道办事处工作人员
树种鉴定记载	由调查小组现场认定，并拍照记录相关信息				

古树名木每木调查表

<table>
<tr><th>古树编号</th><th colspan="5">44031000400100091（原编号：02080025）</th></tr>
<tr><td rowspan="2">树种</td><td colspan="5">中文名：龙眼</td></tr>
<tr><td colspan="5">拉丁名：Dimocarpus longana Lour.　　科：无患子科　　属：龙眼属</td></tr>
<tr><td rowspan="3">位置</td><td colspan="5">乡(镇、街道)：碧岭　　村委会（居委会）：沙湖　　小地名：新屋村，新屋路1号，新横坪公路汤坑段南侧</td></tr>
<tr><td colspan="5">生长场所：①乡村√ ②城区</td></tr>
<tr><td colspan="3">经度（WGS84 坐标系）：114.312574</td><td colspan="2">纬度（WGS84 坐标系）：22.674966</td></tr>
<tr><td>特点</td><td colspan="2">①散生√ ②群状</td><td>权属</td><td colspan="2">①国有 ②集体 ③个人√ ④其他</td></tr>
<tr><td>树龄</td><td colspan="5">估测树龄：120 年</td></tr>
<tr><td>古树等级</td><td>①一级 ②二级 ③三级√</td><td colspan="3">树高：10 m</td><td>胸围：150 cm</td></tr>
<tr><td>冠幅</td><td>平均：6.5 m</td><td colspan="3">东西：6.5 m</td><td>南北：6.5 m</td></tr>
<tr><td>生长势</td><td colspan="3">①正常株√ ②衰弱 ③濒危 ④死亡</td><td>生长环境</td><td>①好 ②中√ ③差</td></tr>
<tr><td>影响生长环境因素</td><td colspan="5">正常</td></tr>
<tr><td>管护单位</td><td colspan="3">碧岭街道办事处</td><td>管护人</td><td>碧岭街道办事处工作人员</td></tr>
<tr><td>树种鉴定记载</td><td colspan="5">由调查小组现场认定，并拍照记录相关信息</td></tr>
</table>

古树名木每木调查表

<table>
<tr><th>古树编号</th><th colspan="5">44031000400100092（原编号：02080026 ）</th></tr>
<tr><td rowspan="2">树种</td><td colspan="5">中文名：龙眼</td></tr>
<tr><td colspan="5">拉丁名：Dimocarpus longana Lour.　　科：无患子科　　属：龙眼属</td></tr>
<tr><td rowspan="3">位置</td><td colspan="5">乡(镇、街道)：碧岭　　村委会（居委会）：沙湖　　小地名：新屋村，新屋路 1 号，新横坪公路汤坑段南侧</td></tr>
<tr><td colspan="5">生长场所：①乡村√ ②城区</td></tr>
<tr><td colspan="3">经度（WGS84 坐标系）：114.312616</td><td colspan="2">纬度（WGS84 坐标系）：22.674971</td></tr>
<tr><td>特点</td><td colspan="2">①散生√ ②群状</td><td>权属</td><td colspan="2">①国有 ②集体 ③个人√ ④其他</td></tr>
<tr><td>树龄</td><td colspan="5">估测树龄：130 年</td></tr>
<tr><td>古树等级</td><td>①一级 ②二级 ③三级√</td><td colspan="3">树高：10 m</td><td>胸围：197 cm</td></tr>
<tr><td>冠幅</td><td>平均：9.5 m</td><td colspan="3">东西：6 m</td><td>南北：13 m</td></tr>
<tr><td>生长势</td><td colspan="3">①正常株√ ②衰弱 ③濒危 ④死亡</td><td>生长环境</td><td>①好 ②中√ ③差</td></tr>
<tr><td>影响生长环境因素</td><td colspan="5">正常</td></tr>
<tr><td>管护单位</td><td colspan="3">碧岭街道办事处</td><td>管护人</td><td>碧岭街道办事处工作人员</td></tr>
<tr><td>树种鉴定记载</td><td colspan="5">由调查小组现场认定，并拍照记录相关信息</td></tr>
</table>

古树名木每木调查表

<table>
<tr><td>古树编号</td><td colspan="5">44031000400100093（原编号：02080027）</td></tr>
<tr><td rowspan="2">树种</td><td colspan="5">中文名：龙眼</td></tr>
<tr><td colspan="5">拉丁名：Dimocarpus longana Lour.　　科：无患子科　　属：龙眼属</td></tr>
<tr><td rowspan="3">位置</td><td colspan="5">乡(镇、街道)：碧岭　　村委会（居委会）：沙湖　　小地名：新屋村，新屋路1号，新横坪公路汤坑段南侧</td></tr>
<tr><td colspan="5">生长场所：①乡村√ ②城区</td></tr>
<tr><td colspan="3">经度（WGS84坐标系）：114.312606</td><td colspan="2">纬度（WGS84坐标系）：22.674969</td></tr>
<tr><td>特点</td><td colspan="2">①散生√ ②群状</td><td>权属</td><td colspan="2">①国有 ②集体 ③个人√ ④其他</td></tr>
<tr><td>树龄</td><td colspan="5">估测树龄：140年</td></tr>
<tr><td>古树等级</td><td>①一级 ②二级 ③三级√</td><td colspan="3">树高：8 m</td><td>胸围：152 cm</td></tr>
<tr><td>冠幅</td><td>平均：4.25 m</td><td colspan="3">东西：3 m</td><td>南北：5.5 m</td></tr>
<tr><td>立地条件</td><td colspan="4">海拔：42</td><td>土壤类型：褐土</td></tr>
<tr><td>生长势</td><td colspan="3">①正常株√ ②衰弱 ③濒危 ④死亡</td><td>生长环境</td><td>①好 ②中√ ③差</td></tr>
<tr><td>影响生长环境因素</td><td colspan="5">正常</td></tr>
<tr><td>管护单位</td><td colspan="3">碧岭街道办事处</td><td>管护人</td><td>碧岭街道办事处工作人员</td></tr>
<tr><td>树种鉴定记载</td><td colspan="5">由调查小组现场认定，并拍照记录相关信息</td></tr>
</table>

古树名木每木调查表

<table>
<tr><td>古树编号</td><td colspan="5">44031000400200094（原编号：02080028）</td></tr>
<tr><td rowspan="2">树种</td><td colspan="5">中文名：樟树</td></tr>
<tr><td colspan="5">拉丁名：Cinnamomum camphora (L.) J. Presl.　　科：樟科　　属：樟属</td></tr>
<tr><td rowspan="3">位置</td><td colspan="5">乡（镇、街道）：碧岭　　村委会（居委会）：汤坑　　小地名：碧岭街道办事处大院内</td></tr>
<tr><td colspan="5">生长场所：①乡村√ ②城区</td></tr>
<tr><td colspan="3">经度（WGS84 坐标系）：114.312606</td><td colspan="2">纬度（WGS84 坐标系）：22.674969</td></tr>
<tr><td>特点</td><td colspan="2">①散生√ ②群状</td><td>权属</td><td colspan="2">①国有 ②集体 ③个人√ ④其他</td></tr>
<tr><td>树龄</td><td colspan="5">估测树龄：130 年</td></tr>
<tr><td>古树等级</td><td>①一级 ②二级 ③三级√</td><td colspan="3">树高：14 m</td><td>胸围：332 cm</td></tr>
<tr><td>冠幅</td><td>平均：19 m</td><td colspan="3">东西：19 m</td><td>南北：19 m</td></tr>
<tr><td>生长势</td><td colspan="3">①正常株√ ②衰弱 ③濒危 ④死亡</td><td>生长环境</td><td>①好 ②中√ ③差</td></tr>
<tr><td>影响生长环境因素</td><td colspan="5">有树池保护，人为干扰</td></tr>
<tr><td>管护单位</td><td colspan="3">碧岭街道办事处</td><td>管护人</td><td>碧岭街道办事处工作人员</td></tr>
<tr><td>树种鉴定记载</td><td colspan="5">由调查小组现场认定，并拍照记录相关信息</td></tr>
</table>

古树名木每木调查表

<table>
<tr><th>古树编号</th><th colspan="5">44031000400200095（原编号：02080030）</th></tr>
<tr><td rowspan="2">树种</td><td colspan="5">中文名：樟树</td></tr>
<tr><td colspan="5">拉丁名：Cinnamomum camphora (L.) J. Presl.　　科：樟科　　属：樟属</td></tr>
<tr><td rowspan="3">位置</td><td colspan="5">乡(镇、街道)：碧岭　　村委会（居委会）：汤坑　　小地名：碧岭街道社区公园山顶</td></tr>
<tr><td colspan="5">生长场所：①乡村√ ②城区</td></tr>
<tr><td colspan="3">经度（WGS84 坐标系）：114.305018</td><td colspan="2">纬度（WGS84 坐标系）：22.670789</td></tr>
<tr><td>特点</td><td colspan="2">①散生√ ②群状</td><td>权属</td><td colspan="2">①国有 ②集体√ ③个人 ④其他</td></tr>
<tr><td>树龄</td><td colspan="5">估测树龄：120 年</td></tr>
<tr><td>古树等级</td><td>①一级 ②二级 ③三级√</td><td colspan="3">树高：14.5 m</td><td>胸围：338 cm</td></tr>
<tr><td>冠幅</td><td>平均：23 m</td><td colspan="3">东西：23 m</td><td>南北：23 m</td></tr>
<tr><td>生长势</td><td colspan="3">①正常株√ ②衰弱 ③濒危 ④死亡</td><td>生长环境</td><td>①好 ②中√ ③差</td></tr>
<tr><td>影响生长环境因素</td><td colspan="5">正常</td></tr>
<tr><td>管护单位</td><td colspan="3">碧岭街道办事处</td><td>管护人</td><td>碧岭街道办事处工作人员</td></tr>
<tr><td>树种鉴定记载</td><td colspan="5">由调查小组现场认定，并拍照记录相关信息</td></tr>
</table>

古树名木每木调查表

<table>
<tr><td>古树编号</td><td colspan="5">44031000400200096（原编号：02080031）</td></tr>
<tr><td rowspan="2">树种</td><td colspan="5">中文名：樟树</td></tr>
<tr><td colspan="5">拉丁名：Cinnamomum camphora (L.) J. Presl.　　科：樟科　　属：樟属</td></tr>
<tr><td rowspan="3">位置</td><td colspan="5">乡（镇、街道）：碧岭　　村委会（居委会）：汤坑　　小地名：碧岭街道社区公园山顶</td></tr>
<tr><td colspan="5">生长场所：①乡村√ ②城区</td></tr>
<tr><td colspan="3">经度（WGS84 坐标系）：114.305200</td><td colspan="2">纬度（WGS84 坐标系）：22.670816</td></tr>
<tr><td>特点</td><td colspan="2">①散生√ ②群状</td><td>权属</td><td colspan="2">①国有 ②集体√ ③个人 ④其他</td></tr>
<tr><td>树龄</td><td colspan="5">估测树龄：120 年</td></tr>
<tr><td>古树等级</td><td>①一级 ②二级 ③三级√</td><td colspan="3">树高：12 m</td><td>胸围：337 cm</td></tr>
<tr><td>冠幅</td><td>平均：18 m</td><td colspan="3">东西：18 m</td><td>南北：18 m</td></tr>
<tr><td>生长势</td><td colspan="3">①正常株√ ②衰弱 ③濒危 ④死亡</td><td>生长环境</td><td>①好 ②中√ ③差</td></tr>
<tr><td>影响生长环境因素</td><td colspan="5">正常</td></tr>
<tr><td>管护单位</td><td colspan="3">碧岭街道办事处</td><td>管护人</td><td>碧岭街道办事处工作人员</td></tr>
<tr><td>树种鉴定记载</td><td colspan="5">由调查小组现场认定，并拍照记录相关信息</td></tr>
</table>

7.2 坑梓街道

古树名木每木调查表

<table>
<tr><td>古树编号</td><td colspan="5">44031000500300083（原编号：02080161）</td></tr>
<tr><td rowspan="2">树种</td><td colspan="5">中文名：樟树</td></tr>
<tr><td colspan="5">拉丁名：Cinnamomum camphora (L.) J. Presl.　　科：樟科　　属：樟属</td></tr>
<tr><td rowspan="3">位置</td><td colspan="5">乡(镇、街道)：坑梓　　村委会（居委会）：金沙　　小地名：长隆村，长隆三区 4 号后侧</td></tr>
<tr><td colspan="5">生长场所：①乡村√ ②城区</td></tr>
<tr><td colspan="3">经度（WGS84 坐标系）：114.388272</td><td colspan="2">纬度（WGS84 坐标系）：22.7484375</td></tr>
<tr><td>特点</td><td colspan="2">①散生√ ②群状</td><td>权属</td><td colspan="2">①国有√ ②集体 ③个人 ④其他</td></tr>
<tr><td>树龄</td><td colspan="5">估测树龄：150 年</td></tr>
<tr><td>古树等级</td><td>①一级 ②二级 ③三级√</td><td colspan="3">树高：18 m</td><td>胸围：436 cm</td></tr>
<tr><td>冠幅</td><td>平均：19 m</td><td colspan="3">东西：20 m</td><td>南北：18 m</td></tr>
<tr><td>生长势</td><td colspan="3">①正常株√ ②衰弱 ③濒危 ④死亡</td><td>生长环境</td><td>①好 ②中√ ③差</td></tr>
<tr><td>影响生长环境因素</td><td colspan="5">轻微虫害</td></tr>
<tr><td>管护单位</td><td colspan="3">坑梓街道办事处</td><td>管护人</td><td>坑梓街道办事处工作人员</td></tr>
<tr><td>树种鉴定记载</td><td colspan="5">由调查小组现场认定，并拍照记录相关信息</td></tr>
</table>

古树名木每木调查表

古树编号	44031000500200048（原编号：02080104）				
树种	中文名：榕树				
	拉丁名：*Ficus microcarpa* L.f.　科：桑科　属：榕属				
位置	乡(镇、街道)：坑梓　村委会（居委会）：沙田　小地名：李屋中村，爱摩尔田园农庄门口				
	生长场所：①乡村√ ②城区				
	经度（WGS84 坐标系）：114.401647			纬度（WGS84 坐标系）：22.778107	
特点	①散生√ ②群状		权属	①国有 ②集体√ ③个人 ④其他	
树龄	估测树龄：370 年				
古树等级	①一级 ②二级√ ③三级	树高：16 m			胸围：803 cm
冠幅	平均：25.5 m	东西：25 m			南北：26 m
生长势	①正常株√ ②衰弱 ③濒危 ④死亡			生长环境	①好 ②中√ ③差
影响生长环境因素	树下香火旺盛，有断枝和枯枝				
管护单位	坑梓街道办事处			管护人	坑梓街道办事处工作人员
树种鉴定记载	由调查小组现场认定，并拍照记录相关信息				

古树名木每木调查表

古树编号	44031000500200056（原编号：02080112）				
树种	中文名：龙眼				
	拉丁名：*Dimocarpus longana* Lour.　　科：无患子科　　属：龙眼属				
位置	乡(镇、街道)：坑梓　　村委会（居委会）：沙田　　小地名：田脚水围村，丹梓北路东侧空地（新建桥边）				
	生长场所：①乡村√ ②城区				
	经度（WGS84 坐标系）：114.408865			纬度（WGS84 坐标系）：22.760402	
特点	①散生 ②群状√		权属	①国有 ②集体 ③个人√ ④其他	
树龄	估测树龄：140 年				
古树等级	①一级 ②二级 ③三级√	树高：10 m			胸围：166 cm
冠幅	平均：11 m	东西：11 m			南北：11 m
生长势	①正常株√ ②衰弱 ③濒危 ④死亡			生长环境	①好 ②中√ ③差
影响生长环境因素	正常				
管护单位	坑梓街道办事处			管护人	坑梓街道办事处工作人员
树种鉴定记载	由调查小组现场认定，并拍照记录相关信息				

古树名木每木调查表

古树编号	44031000500200057（原编号：02080113）			
树种	中文名：龙眼			
	拉丁名：*Dimocarpus longana* Lour.　　科：无患子科　　属：龙眼属			
位置	乡(镇、街道)：坑梓　　村委会（居委会）：沙田　　小地名：田脚水围村，丹梓北路东侧空地（新建桥边）			
	生长场所：①乡村√ ②城区			
	经度（WGS84 坐标系）：114.409000		纬度（WGS84 坐标系）：22.760410	
特点	①散生 ②群状√	权属	①国有 ②集体 ③个人√ ④其他	
树龄	估测树龄：130 年			
古树等级	①一级 ②二级 ③三级√	树高：9 m		胸围：121 cm
冠幅	平均：8.25 m	东西：8 m		南北：8.5 m
生长势	①正常株√ ②衰弱 ③濒危 ④死亡		生长环境	①好 ②中√ ③差
影响生长环境因素	正常			
管护单位	坑梓街道办事处		管护人	坑梓街道办事处工作人员
树种鉴定记载	由调查小组现场认定，并拍照记录相关信息			

古树名木每木调查表

<table>
<tr><th>古树编号</th><th colspan="5">44031000500200058（原编号：02080114）</th></tr>
<tr><td rowspan="2">树种</td><td colspan="5">中文名：龙眼</td></tr>
<tr><td colspan="5">拉丁名：Dimocarpus longana Lour.　　科：无患子科　　属：龙眼属</td></tr>
<tr><td rowspan="3">位置</td><td colspan="5">乡(镇、街道)：坑梓　　村委会（居委会）：沙田　　小地名：田脚水围村，丹梓北路东侧空地（新建桥边）</td></tr>
<tr><td colspan="5">生长场所：①乡村√ ②城区</td></tr>
<tr><td colspan="3">经度（WGS84 坐标系）：114.408918</td><td colspan="2">纬度（WGS84 坐标系）：22.760383</td></tr>
<tr><td>特点</td><td colspan="2">①散生 ②群状√</td><td>权属</td><td colspan="2">①国有 ②集体 ③个人√ ④其他</td></tr>
<tr><td>树龄</td><td colspan="5">估测树龄：130 年</td></tr>
<tr><td>古树等级</td><td>①一级 ②二级 ③三级√</td><td colspan="3">树高：9 m</td><td>胸围：132 cm</td></tr>
<tr><td>冠幅</td><td>平均：6 m</td><td colspan="3">东西：8 m</td><td>南北：5 m</td></tr>
<tr><td>生长势</td><td colspan="3">①正常株√ ②衰弱 ③濒危 ④死亡</td><td>生长环境</td><td>①好√ ②中 ③差</td></tr>
<tr><td>影响生长环境因素</td><td colspan="5">正常</td></tr>
<tr><td>管护单位</td><td colspan="3">坑梓街道办事处</td><td>管护人</td><td>坑梓街道办事处工作人员</td></tr>
<tr><td>树种鉴定记载</td><td colspan="5">由调查小组现场认定，并拍照记录相关信息</td></tr>
</table>

古树名木每木调查表

<table>
<tr><th>古树编号</th><th colspan="5">44031000500200055（原编号：02080111）</th></tr>
<tr><td rowspan="2">树种</td><td colspan="5">中文名：杧果</td></tr>
<tr><td colspan="5">拉丁名：Mangifera indica L.　科：漆树科　属：杧果属</td></tr>
<tr><td rowspan="3">位置</td><td colspan="5">乡(镇、街道)：坑梓　村委会（居委会）：沙田　小地名：田脚水围村，丹梓北路东侧空地（新建桥边）</td></tr>
<tr><td colspan="5">生长场所：①乡村√ ②城区</td></tr>
<tr><td colspan="3">经度（WGS84 坐标系）：114.408955</td><td colspan="2">纬度（WGS84 坐标系）：22.760629</td></tr>
<tr><td>特点</td><td colspan="2">①散生 ②群状√</td><td>权属</td><td colspan="2">①国有 ②集体 ③个人√ ④其他</td></tr>
<tr><td>树龄</td><td colspan="5">估测树龄：160 年</td></tr>
<tr><td>古树等级</td><td>①一级 ②二级 ③三级√</td><td colspan="3">树高：13 m</td><td>胸围：203 cm</td></tr>
<tr><td>冠幅</td><td>平均：6.5 m</td><td colspan="3">东西：5 m</td><td>南北：8 m</td></tr>
<tr><td>生长势</td><td colspan="3">①正常株 ②衰弱√ ③濒危 ④死亡</td><td>生长环境</td><td>①好 ②中√ ③差</td></tr>
<tr><td>影响生长环境因素</td><td colspan="5">有断枝和枯枝</td></tr>
<tr><td>管护单位</td><td colspan="3">坑梓街道办事处</td><td>管护人</td><td>坑梓街道办事处工作人员</td></tr>
<tr><td>树种鉴定记载</td><td colspan="5">由调查小组现场认定，并拍照记录相关信息</td></tr>
</table>

古树名木每木调查表

<table>
<tr><th>古树编号</th><th colspan="5">44031000500200054（原编号：02080110）</th></tr>
<tr><td rowspan="2">树种</td><td colspan="5">中文名：榕树</td></tr>
<tr><td colspan="5">拉丁名：Ficus microcarpa L.f.　科：桑科　属：榕属</td></tr>
<tr><td rowspan="3">位置</td><td colspan="5">乡(镇、街道)：坑梓　村委会(居委会)：沙田　小地名：田脚水围村，丹梓北路东侧空地（新建桥边）</td></tr>
<tr><td colspan="5">生长场所：①乡村√ ②城区</td></tr>
<tr><td colspan="3">经度（WGS84 坐标系）：114.409507</td><td colspan="2">纬度（WGS84 坐标系）：22.760032</td></tr>
<tr><td>特点</td><td colspan="2">①散生√ ②群状</td><td>权属</td><td colspan="2">①国有 ②集体√ ③个人 ④其他</td></tr>
<tr><td>树龄</td><td colspan="5">估测树龄：120 年</td></tr>
<tr><td>古树等级</td><td>①一级 ②二级 ③三级√</td><td colspan="3">树高：12 m</td><td>胸围：340 cm</td></tr>
<tr><td>冠幅</td><td>平均：13.5 m</td><td colspan="3">东西：12 m</td><td>南北：15 m</td></tr>
<tr><td>生长势</td><td colspan="3">①正常株√ ②衰弱 ③濒危 ④死亡</td><td>生长环境</td><td>①好 ②中√ ③差</td></tr>
<tr><td>影响生长环境因素</td><td colspan="5">树下香火旺盛</td></tr>
<tr><td>管护单位</td><td colspan="3">坑梓街道办事处</td><td>管护人</td><td>坑梓街道办事处工作人员</td></tr>
<tr><td>树种鉴定记载</td><td colspan="5">由调查小组现场认定，并拍照记录相关信息</td></tr>
</table>

古树名木每木调查表

<table>
<tr><td>古树编号</td><td colspan="5">44031000500200049（原编号：02080105）</td></tr>
<tr><td rowspan="2">树种</td><td colspan="5">中文名：榕树</td></tr>
<tr><td colspan="5">拉丁名：Ficus microcarpa L.f.　科：桑科　属：榕属</td></tr>
<tr><td rowspan="3">位置</td><td colspan="5">乡（镇、街道）：坑梓　村委会（居委会）：沙田　小地名：田脚水围村，颐田世居隔壁</td></tr>
<tr><td colspan="5">生长场所：①乡村√ ②城区</td></tr>
<tr><td colspan="3">经度（WGS84 坐标系）：114.410115</td><td colspan="2">纬度（WGS84 坐标系）：22.759047</td></tr>
<tr><td>特点</td><td colspan="2">①散生√ ②群状</td><td>权属</td><td colspan="2">①国有 ②集体√ ③个人 ④其他</td></tr>
<tr><td>树龄</td><td colspan="5">估测树龄：160 年</td></tr>
<tr><td>古树等级</td><td>①一级 ②二级 ③三级√</td><td colspan="3">树高：13 m</td><td>胸围：601 cm</td></tr>
<tr><td>冠幅</td><td>平均：20 m</td><td colspan="3">东西：20 m</td><td>南北：20 m</td></tr>
<tr><td>生长势</td><td colspan="3">①正常株√ ②衰弱 ③濒危 ④死亡</td><td>生长环境</td><td>①好√ ②中 ③差</td></tr>
<tr><td>影响生长环境因素</td><td colspan="5">坑梓街道办事处</td></tr>
<tr><td>管护单位</td><td colspan="3">沙田社区</td><td>管护人</td><td>坑梓街道办事处工作人员</td></tr>
<tr><td>树种鉴定记载</td><td colspan="5">由调查小组现场认定，并拍照记录相关信息</td></tr>
</table>

古树名木每木调查表

古树编号	44031000500200050（原编号：02080106）				
树种	中文名：红鳞蒲桃				
	拉丁名：*Syzygium hancei* Merr. et L. M. Perry.　　科：桃金娘科　　属：蒲桃属				
位置	乡(镇、街道)：坑梓　　村委会（居委会）：沙田　　小地名：田脚水围村，颐田世居林子内				
	生长场所：①乡村√ ②城区				
	经度（WGS84 坐标系）：114.410416			纬度（WGS84 坐标系）：22.759075	
特点	①散生 ②群状√		权属	①国有 ②集体√ ③个人 ④其他	
树龄	估测树龄：120 年				
古树等级	①一级 ②二级 ③三级√	树高：9 m			胸围：172 cm
冠幅	平均：8 m	东西：8 m			南北：8 m
生长势	①正常株√ ②衰弱 ③濒危 ④死亡			生长环境	①好 ②中√ ③差
影响生长环境因素	有断枝和枯枝				
管护单位	坑梓街道办事处			管护人	坑梓街道办事处工作人员
树种鉴定记载	由调查小组现场认定，并拍照记录相关信息				

古树名木每木调查表

<table>
<tr><th>古树编号</th><th colspan="5">44031000500200051（原编号：02080107）</th></tr>
<tr><td rowspan="2">树种</td><td colspan="5">中文名：红鳞蒲桃</td></tr>
<tr><td colspan="5">拉丁名：Syzygium hancei Merr. et L. M. Perry.　　科：桃金娘科　　属：蒲桃属</td></tr>
<tr><td rowspan="3">位置</td><td colspan="5">乡（镇、街道）：坑梓　　村委会（居委会）：沙田　　小地名：田脚水围村，颐田世居林子内</td></tr>
<tr><td colspan="5">生长场所：①乡村√ ②城区</td></tr>
<tr><td colspan="3">经度（WGS84 坐标系）：114.409947</td><td colspan="2">纬度（WGS84 坐标系）：22.759092</td></tr>
<tr><td>特点</td><td colspan="2">①散生 ②群状√</td><td>权属</td><td colspan="2">①国有 ②集体√ ③个人 ④其他</td></tr>
<tr><td>树龄</td><td colspan="5">估测树龄：110 年</td></tr>
<tr><td>古树等级</td><td>①一级 ②二级 ③三级√</td><td colspan="3">树高：9 m</td><td>胸围：110 cm</td></tr>
<tr><td>冠幅</td><td>平均：6 m</td><td colspan="3">东西：6 m</td><td>南北：6 m</td></tr>
<tr><td>生长势</td><td colspan="3">①正常株√ ②衰弱 ③濒危 ④死亡</td><td>生长环境</td><td>①好 ②中√ ③差</td></tr>
<tr><td>影响生长环境因素</td><td colspan="5">有断枝和枯枝</td></tr>
<tr><td>管护单位</td><td colspan="3">坑梓街道办事处</td><td>管护人</td><td>坑梓街道办事处工作人员</td></tr>
<tr><td>树种鉴定记载</td><td colspan="5">由调查小组现场认定，并拍照记录相关信息</td></tr>
</table>

古树名木每木调查表

古树编号	44031000500200052（原编号：02080108）		
树种	中文名：红鳞蒲桃		
	拉丁名：*Syzygium hancei* Merr. et L. M. Perry.　科：桃金娘科　属：蒲桃属		
位置	乡(镇、街道)：坑梓　村委会（居委会）：沙田　小地名：田脚水围村，颐田世居林子内		
	生长场所：①乡村√ ②城区		
	经度（WGS84 坐标系）：114.410288	纬度（WGS84 坐标系）：22.759011	
特点	①散生 ②群状√	权属	①国有 ②集体√ ③个人 ④其他
树龄	估测树龄：170 年		
古树等级	①一级 ②二级 ③三级√	树高：10 m	胸围：185 cm
冠幅	平均：12 m	东西：12 m	南北：12 m
生长势	①正常株√ ②衰弱 ③濒危 ④死亡	生长环境	①好 ②中√ ③差
影响生长环境因素	有断枝和枯枝		
管护单位	坑梓街道办事处	管护人	坑梓街道办事处工作人员
树种鉴定记载	由调查小组现场认定，并拍照记录相关信息		

古树名木每木调查表

古树编号	44031000500200053（原编号：02080109）				
树种	中文名：红鳞蒲桃				
	拉丁名：*Syzygium hancei* Merr. et L. M. Perry.　科：桃金娘科　属：蒲桃属				
位置	乡(镇、街道)：坑梓　村委会（居委会）：沙田　小地名：田脚水围村，颐田世居林子内				
	生长场所：①乡村√ ②城区				
	经度（WGS84 坐标系）：114.4106456			纬度（WGS84 坐标系）：22.758957	
特点	①散生 ②群状√		权属	①国有 ②集体√ ③个人 ④其他	
树龄	估测树龄：160 年				
古树等级	①一级 ②二级 ③三级√	树高：10 m			胸围：145 cm
冠幅	平均：11 m	东西：11 m			南北：11 m
生长势	①正常株√ ②衰弱 ③濒危 ④死亡			生长环境	①好 ②中√ ③差
影响生长环境因素	有断枝和枯枝				
管护单位	坑梓街道办事处			管护人	坑梓街道办事处工作人员
树种鉴定记载	由调查小组现场认定，并拍照记录相关信息				

古树名木每木调查表

<table>
<tr><td>古树编号</td><td colspan="5">44031000500200074（原编号：02080132）</td></tr>
<tr><td rowspan="2">树种</td><td colspan="5">中文名：樟树</td></tr>
<tr><td colspan="5">拉丁名：Cinnamomum camphora (L.) J.Presl.　科：樟科　属：樟属</td></tr>
<tr><td rowspan="3">位置</td><td colspan="5">乡（镇、街道）：坑梓　村委会（居委会）：沙田　小地名：下廖村，樟树园（北）</td></tr>
<tr><td colspan="5">生长场所：①乡村√ ②城区</td></tr>
<tr><td colspan="3">经度（WGS84 坐标系）：114.393180</td><td colspan="2">纬度（WGS84 坐标系）：22.766671</td></tr>
<tr><td>特点</td><td colspan="2">①散生 ②群状√</td><td>权属</td><td colspan="2">①国有 ②集体 √ ③个人 ④其他</td></tr>
<tr><td>树龄</td><td colspan="5">估测树龄：120 年</td></tr>
<tr><td>古树等级</td><td>①一级 ②二级 ③三级√</td><td colspan="3">树高：19 m</td><td>胸围：263 cm</td></tr>
<tr><td>冠幅</td><td>平均：23 m</td><td colspan="3">东西：23 m</td><td>南北：23 m</td></tr>
<tr><td>生长势</td><td colspan="3">①正常株 √ ②衰弱 ③濒危 ④死亡</td><td>生长环境</td><td>①好√ ②中 ③差</td></tr>
<tr><td>影响生长环境因素</td><td colspan="5">正常</td></tr>
<tr><td>管护单位</td><td colspan="3">坑梓街道办事处</td><td>管护人</td><td>坑梓街道办事处工作人员</td></tr>
<tr><td>树种鉴定记载</td><td colspan="5">由调查小组现场认定，并拍照记录相关信息</td></tr>
</table>

古树名木每木调查表

<table>
<tr><td>古树编号</td><td colspan="5">44031000500200075（原编号：02080133）</td></tr>
<tr><td rowspan="2">树种</td><td colspan="5">中文名：樟树</td></tr>
<tr><td colspan="5">拉丁名：Cinnamomum camphora (L.) J.Presl.　科：樟科　属：樟属</td></tr>
<tr><td rowspan="3">位置</td><td colspan="5">乡（镇、街道）：坑梓　村委会（居委会）：沙田　小地名：下廖村，樟树园（北）</td></tr>
<tr><td colspan="5">生长场所：①乡村√ ②城区</td></tr>
<tr><td colspan="3">经度（WGS84 坐标系）：114.393159</td><td colspan="2">纬度（WGS84 坐标系）：22.766730</td></tr>
<tr><td>特点</td><td colspan="2">①散生 ②群状√</td><td>权属</td><td colspan="2">①国有 ②集体√ ③个人 ④其他</td></tr>
<tr><td>树龄</td><td colspan="5">估测树龄：110 年</td></tr>
<tr><td>古树等级</td><td>①一级 ②二级 ③三级√</td><td colspan="3">树高：19 m</td><td>胸围：259 cm</td></tr>
<tr><td>冠幅</td><td>平均：16 m</td><td colspan="3">东西：13 m</td><td>南北：19 m</td></tr>
<tr><td>生长势</td><td colspan="3">①正常株√ ②衰弱 ③濒危 ④死亡</td><td>生长环境</td><td>①好√ ②中 ③差</td></tr>
<tr><td>影响生长环境因素</td><td colspan="5">正常</td></tr>
<tr><td>管护单位</td><td colspan="3">坑梓街道办事处</td><td>管护人</td><td>坑梓街道办事处工作人员</td></tr>
<tr><td>树种鉴定记载</td><td colspan="5">由调查小组现场认定，并拍照记录相关信息</td></tr>
</table>

古树名木每木调查表

古树编号	44031000500200076（原编号：02080134）				
树种	中文名：樟树				
	拉丁名：*Cinnamomum camphora* (L.) J.Presl.　科：樟科　属：樟属				
位置	乡（镇、街道）：坑梓　村委会（居委会）：沙田　小地名：下廖村，樟树园（北）				
	生长场所：①乡村√ ②城区				
	经度（WGS84 坐标系）：114.393012			纬度（WGS84 坐标系）：22.766568	
特点	①散生 ②群状√		权属	①国有 ②集体 √ ③个人 ④其他	
树龄	估测树龄：110 年				
古树等级	①一级 ②二级 ③三级√	树高：17 m			胸围: 411 cm(110 cm 高分叉)
冠幅	平均：19.5 m	东西：20 m			南北：19 m
生长势	①正常株 √ ②衰弱 ③濒危 ④死亡			生长环境	①好 ②中√ ③差
影响生长环境因素	正常				
管护单位	坑梓街道办事处			管护人	坑梓街道办事处工作人员
树种鉴定记载	由调查小组现场认定，并拍照记录相关信息				

古树名木每木调查表

<table>
<tr><td>古树编号</td><td colspan="5">44031000500200077（原编号：02080135）</td></tr>
<tr><td rowspan="2">树种</td><td colspan="5">中文名：樟树</td></tr>
<tr><td colspan="5">拉丁名：Cinnamomum camphora (L.) J.Presl.　科：樟科　属：樟属</td></tr>
<tr><td rowspan="3">位置</td><td colspan="5">乡（镇、街道）：坑梓　村委会（居委会）：沙田　小地名：下廖村，樟树园（北）</td></tr>
<tr><td colspan="5">生长场所：①乡村√ ②城区</td></tr>
<tr><td colspan="3">经度（WGS84 坐标系）：114.393216</td><td colspan="2">纬度（WGS84 坐标系）：22.766169</td></tr>
<tr><td>特点</td><td colspan="2">①散生 ②群状√</td><td>权属</td><td colspan="2">①国有 ②集体√ ③个人 ④其他</td></tr>
<tr><td>树龄</td><td colspan="5">估测树龄：190 年</td></tr>
<tr><td>古树等级</td><td>①一级 ②二级 ③三级√</td><td colspan="3">树高：17 m</td><td>胸围：227 cm</td></tr>
<tr><td>冠幅</td><td>平均：14.5 m</td><td colspan="3">东西：15 m</td><td>南北：14 m</td></tr>
<tr><td>生长势</td><td colspan="3">①正常株√ ②衰弱 ③濒危 ④死亡</td><td>生长环境</td><td>①好√ ②中 ③差</td></tr>
<tr><td>影响生长环境因素</td><td colspan="5">正常</td></tr>
<tr><td>管护单位</td><td colspan="3">坑梓街道办事处</td><td>管护人</td><td>坑梓街道办事处工作人员</td></tr>
<tr><td>树种鉴定记载</td><td colspan="5">由调查小组现场认定，并拍照记录相关信息</td></tr>
</table>

古树名木每木调查表

古树编号	44031000500200073（原编号：02080131）				
树种	中文名：榕树				
	拉丁名：*Ficus microcarpa* L.f.　科：桑科　属：榕属				
位置	乡(镇、街道)：坑梓　村委会（居委会）：沙田　小地名：下廖村，樟树园（南上）				
	生长场所：①乡村√ ②城区				
	经度（WGS84 坐标系）：114.393352			纬度（WGS84 坐标系）：22.765622	
特点	①散生√ ②群状		权属	①国有 ②集体√ ③个人 ④其他	
树龄	估测树龄：120 年				
古树等级	①一级 ②二级 ③三级√	树高：16.5 m			胸围：311 cm
冠幅	平均：17 m	东西：17 m			南北：17 m
生长势	①正常株√ ②衰弱 ③濒危 ④死亡			生长环境	①好√ ②中 ③差
影响生长环境因素	树下香火旺盛				
管护单位	坑梓街道办事处			管护人	坑梓街道办事处工作人员
树种鉴定记载	由调查小组现场认定，并拍照记录相关信息				

古树名木每木调查表

<table>
<tr><td>古树编号</td><td colspan="5">44031000500200068（原编号：02080125）</td></tr>
<tr><td rowspan="2">树种</td><td colspan="5">中文名：樟树</td></tr>
<tr><td colspan="5">拉丁名：Cinnamomum camphora (L.) J.Presl.　科：樟科　属：樟属</td></tr>
<tr><td rowspan="3">位置</td><td colspan="5">乡（镇、街道）：坑梓　村委会（居委会）：沙田　小地名：下廖村，樟树园（南上）</td></tr>
<tr><td colspan="5">生长场所：①乡村√ ②城区</td></tr>
<tr><td colspan="3">经度（WGS84 坐标系）：114.393372</td><td colspan="2">纬度（WGS84 坐标系）：22.765232</td></tr>
<tr><td>特点</td><td colspan="2">①散生 ②群状√</td><td>权属</td><td colspan="2">①国有 ②集体√ ③个人 ④其他</td></tr>
<tr><td>树龄</td><td colspan="5">估测树龄：120 年</td></tr>
<tr><td>古树等级</td><td>①一级 ②二级 ③三级√</td><td colspan="3">树高：18.5 m</td><td>胸围：259 cm</td></tr>
<tr><td>冠幅</td><td>平均：14 m</td><td colspan="3">东西：14 m</td><td>南北：14 m</td></tr>
<tr><td>生长势</td><td colspan="3">①正常株√ ②衰弱 ③濒危 ④死亡</td><td>生长环境</td><td>①好√ ②中 ③差</td></tr>
<tr><td>影响生长环境因素</td><td colspan="5">正常</td></tr>
<tr><td>管护单位</td><td colspan="3">坑梓街道办事处</td><td>管护人</td><td>坑梓街道办事处工作人员</td></tr>
<tr><td>树种鉴定记载</td><td colspan="5">由调查小组现场认定，并拍照记录相关信息</td></tr>
</table>

古树名木每木调查表

<table>
<tr><td>古树编号</td><td colspan="5">44031000500200069（原编号：02080126）</td></tr>
<tr><td rowspan="2">树种</td><td colspan="5">中文名：樟树</td></tr>
<tr><td colspan="5">拉丁名：Cinnamomum camphora (L.) J.Presl.　科：樟科　属：樟属</td></tr>
<tr><td rowspan="3">位置</td><td colspan="5">乡（镇、街道）：坑梓　村委会（居委会）：沙田　小地名：下廖村，樟树园（南上）</td></tr>
<tr><td colspan="5">生长场所：①乡村√ ②城区</td></tr>
<tr><td colspan="3">经度（WGS84 坐标系）：114.393388</td><td colspan="2">纬度（WGS84 坐标系）：22.765371</td></tr>
<tr><td>特点</td><td colspan="2">①散生 ②群状√</td><td>权属</td><td colspan="2">①国有 ②集体 √ ③个人 ④其他</td></tr>
<tr><td>树龄</td><td colspan="5">估测树龄：120 年</td></tr>
<tr><td>古树等级</td><td>①一级 ②二级 ③三级√</td><td colspan="3">树高：19 m</td><td>胸围：243 cm</td></tr>
<tr><td>冠幅</td><td>平均：17.5 m</td><td colspan="3">东西：19 m</td><td>南北：16 m</td></tr>
<tr><td>生长势</td><td colspan="3">①正常株 √ ②衰弱 ③濒危 ④死亡</td><td>生长环境</td><td>①好√ ②中 ③差</td></tr>
<tr><td>影响生长环境因素</td><td colspan="5">正常</td></tr>
<tr><td>管护单位</td><td colspan="3">坑梓街道办事处</td><td>管护人</td><td>坑梓街道办事处工作人员</td></tr>
<tr><td>树种鉴定记载</td><td colspan="5">由调查小组现场认定，并拍照记录相关信息</td></tr>
</table>

古树名木每木调查表

古树编号	4403100050020007０（原编号：02080127）			
树种	中文名：樟树			
	拉丁名：*Cinnamomum camphora* (L.) J.Presl.　科：樟科　属：樟属			
位置	乡（镇、街道）：坑梓　村委会（居委会）：沙田　小地名：下廖村，樟树园（南上）			
	生长场所：①乡村√ ②城区			
	经度（WGS84 坐标系）：114.393290		纬度（WGS84 坐标系）：22.765371	
特点	①散生 ②群状√	权属	①国有 ②集体√ ③个人 ④其他	
树龄	估测树龄：120 年			
古树等级	①一级 ②二级 ③三级√	树高：18.5 m		胸围：222 cm
冠幅	平均：12.5 m	东西：13 m		南北：12 m
生长势	①正常株√ ②衰弱 ③濒危 ④死亡		生长环境	①好√ ②中 ③差
影响生长环境因素	正常			
管护单位	坑梓街道办事处		管护人	坑梓街道办事处工作人员
树种鉴定记载	由调查小组现场认定，并拍照记录相关信息			

古树名木每木调查表

<table>
<tr><td>古树编号</td><td colspan="5">44031000500200071（原编号：02080128）</td></tr>
<tr><td rowspan="2">树种</td><td colspan="5">中文名：樟树</td></tr>
<tr><td colspan="5">拉丁名：Cinnamomum camphora (L.) J.Presl.　科：樟科　属：樟属</td></tr>
<tr><td rowspan="3">位置</td><td colspan="5">乡（镇、街道）：坑梓　村委会（居委会）：沙田　小地名：下廖村，樟树园（南上）</td></tr>
<tr><td colspan="5">生长场所：①乡村√ ②城区</td></tr>
<tr><td colspan="3">经度（WGS84 坐标系）：114.393288</td><td colspan="2">纬度（WGS84 坐标系）：22.765361</td></tr>
<tr><td>特点</td><td colspan="2">①散生 ②群状√</td><td>权属</td><td colspan="2">①国有 ②集体 √ ③个人 ④其他</td></tr>
<tr><td>树龄</td><td colspan="5">估测树龄：110 年</td></tr>
<tr><td>古树等级</td><td>①一级 ②二级 ③三级√</td><td colspan="3">树高：18 m</td><td>胸围：180 cm</td></tr>
<tr><td>冠幅</td><td>平均：10.5 m</td><td colspan="3">东西：13 m</td><td>南北：8 m</td></tr>
<tr><td>生长势</td><td colspan="3">①正常株 √ ②衰弱 ③濒危 ④死亡</td><td>生长环境</td><td>①好√ ②中 ③差</td></tr>
<tr><td>影响生长环境因素</td><td colspan="5">正常</td></tr>
<tr><td>管护单位</td><td colspan="3">坑梓街道办事处</td><td>管护人</td><td>坑梓街道办事处工作人员</td></tr>
<tr><td>树种鉴定记载</td><td colspan="5">由调查小组现场认定，并拍照记录相关信息</td></tr>
</table>

古树名木每木调查表

<table>
<tr><td>古树编号</td><td colspan="5">44031000500200072（原编号：02080129）</td></tr>
<tr><td rowspan="2">树种</td><td colspan="5">中文名：樟树</td></tr>
<tr><td colspan="5">拉丁名：Cinnamomum camphora (L.) J.Presl.　科：樟科　属：樟属</td></tr>
<tr><td rowspan="3">位置</td><td colspan="5">乡（镇、街道）：坑梓　村委会（居委会）：沙田　小地名：下廖村，樟树园（南上）</td></tr>
<tr><td colspan="5">生长场所：①乡村√ ②城区</td></tr>
<tr><td colspan="3">经度（WGS84 坐标系）：114.3932455</td><td colspan="2">纬度（WGS84 坐标系）：22.765268</td></tr>
<tr><td>特点</td><td colspan="2">①散生 ②群状√</td><td>权属</td><td colspan="2">①国有 ②集体 √ ③个人 ④其他</td></tr>
<tr><td>树龄</td><td colspan="5">估测树龄：120 年</td></tr>
<tr><td>古树等级</td><td>①一级 ②二级 ③三级√</td><td colspan="3">树高：18.5 m</td><td>胸围: 421 cm(110 cm 高分叉)</td></tr>
<tr><td>冠幅</td><td>平均：17.5 m</td><td colspan="3">东西：16 m</td><td>南北：19 m</td></tr>
<tr><td>生长势</td><td colspan="3">①正常株 √ ②衰弱 ③濒危 ④死亡</td><td>生长环境</td><td>①好√ ②中 ③差</td></tr>
<tr><td>影响生长环境因素</td><td colspan="5">正常</td></tr>
<tr><td>管护单位</td><td colspan="3">坑梓街道办事处</td><td>管护人</td><td>坑梓街道办事处工作人员</td></tr>
<tr><td>树种鉴定记载</td><td colspan="5">由调查小组现场认定，并拍照记录相关信息</td></tr>
</table>

古树名木每木调查表

<table>
<tr><th>古树编号</th><th colspan="5">44031000500200082（原编号：02080150）</th></tr>
<tr><td rowspan="2">树种</td><td colspan="5">中文名：樟树</td></tr>
<tr><td colspan="5">拉丁名：Cinnamomum camphora (L.) J.Presl.　科：樟科　属：樟属</td></tr>
<tr><td rowspan="3">位置</td><td colspan="5">乡（镇、街道）：坑梓　村委会（居委会）：沙田　小地名：下廖村，樟树园（南上）</td></tr>
<tr><td colspan="5">生长场所：①乡村√ ②城区</td></tr>
<tr><td colspan="3">经度（WGS84 坐标系）：114.392983</td><td colspan="2">纬度（WGS84 坐标系）：22.7656058</td></tr>
<tr><td>特点</td><td colspan="2">①散生 ②群状√</td><td>权属</td><td colspan="2">①国有 ②集体 √ ③个人 ④其他</td></tr>
<tr><td>树龄</td><td colspan="5">估测树龄：100 年</td></tr>
<tr><td>古树等级</td><td>①一级 ②二级 ③三级√</td><td colspan="3">树高：19 m</td><td>胸围：241 cm</td></tr>
<tr><td>冠幅</td><td>平均：16.5 m</td><td colspan="3">东西：16 m</td><td>南北：17 m</td></tr>
<tr><td>生长势</td><td colspan="3">①正常株√ ②衰弱 ③濒危 ④死亡</td><td>生长环境</td><td>①好√ ②中 ③差</td></tr>
<tr><td>影响生长环境因素</td><td colspan="5">长势一般，白蚁，无树池，枯枝</td></tr>
<tr><td>管护单位</td><td colspan="3">坑梓街道办事处</td><td>管护人</td><td>坑梓街道办事处工作人员</td></tr>
<tr><td>树种鉴定记载</td><td colspan="5">由调查小组现场认定，并拍照记录相关信息</td></tr>
</table>

古树名木每木调查表

<table>
<tr><th>古树编号</th><th colspan="5">44031000500200060（原编号：02080117）</th></tr>
<tr><td rowspan="2">树种</td><td colspan="5">中文名：榕树</td></tr>
<tr><td colspan="5">拉丁名：Ficus microcarpa L.f.　科：桑科　属：榕属</td></tr>
<tr><td rowspan="3">位置</td><td colspan="5">乡(镇、街道)：坑梓　村委会(居委会)：沙田　小地名：下廖村，樟树园（南下）</td></tr>
<tr><td colspan="5">生长场所：①乡村√ ②城区</td></tr>
<tr><td colspan="3">经度（WGS84 坐标系）：114.393675</td><td colspan="2">纬度（WGS84 坐标系）：22.764511</td></tr>
<tr><td>特点</td><td colspan="2">①散生 ②群状√</td><td>权属</td><td colspan="2">①国有√ ②集体 ③个人 ④其他</td></tr>
<tr><td>树龄</td><td colspan="5">估测树龄：110 年</td></tr>
<tr><td>古树等级</td><td>①一级 ②二级 ③三级√</td><td colspan="3">树高：11 m</td><td>胸围：303 cm</td></tr>
<tr><td>冠幅</td><td>平均：11.5 m</td><td colspan="3">东西：12 m</td><td>南北：11 m</td></tr>
<tr><td>生长势</td><td colspan="3">①正常株√ ②衰弱 ③濒危 ④死亡</td><td>生长环境</td><td>①好 ②中√ ③差</td></tr>
<tr><td>影响生长环境因素</td><td colspan="5">正常</td></tr>
<tr><td>管护单位</td><td colspan="3">坑梓街道办事处</td><td>管护人</td><td>坑梓街道办事处工作人员</td></tr>
<tr><td>树种鉴定记载</td><td colspan="5">由调查小组现场认定，并拍照记录相关信息</td></tr>
</table>

古树名木每木调查表

古树编号	44031000500200063（原编号：02080120）				
树种	中文名：水翁				
	拉丁名：*Cleistocalyx operculatus* (Roxb.) Merr. et L. M. Perry　科：桃金娘科　属：水翁属				
位置	乡(镇、街道)：坑梓　村委会(居委会)：沙田　小地名：下廖村，樟树园(南下)				
	生长场所：①乡村√ ②城区				
	经度（WGS84 坐标系）：114.393714			纬度（WGS84 坐标系）：22.764816	
特点	①散生√ ②群状		权属	①国有 ②集体√ ③个人 ④其他	
树龄	估测树龄：120 年				
古树等级	①一级 ②二级 ③三级√	树高：7 m			胸围：181 cm
冠幅	平均：6 m	东西：7 m			南北：5 m
生长势	①正常株 ②衰弱√ ③濒危 ④死亡		生长环境		①好 ②中√ ③差
影响生长环境因素	有树洞				
管护单位	坑梓街道办事处		管护人		坑梓街道办事处工作人员
树种鉴定记载	由调查小组现场认定，并拍照记录相关信息				

古树名木每木调查表

<table>
<tr><td>古树编号</td><td colspan="5">44031000500200061（原编号：02080118）</td></tr>
<tr><td rowspan="2">树种</td><td colspan="5">中文名：樟树</td></tr>
<tr><td colspan="5">拉丁名：Cinnamomum camphora (L.) J. Presl.　科：樟科　属：樟属</td></tr>
<tr><td rowspan="3">位置</td><td colspan="5">乡(镇、街道)：坑梓　村委会（居委会）：沙田　小地名：下廖村，樟树园（南下）</td></tr>
<tr><td colspan="5">生长场所：①乡村√ ②城区</td></tr>
<tr><td colspan="3">经度（WGS84 坐标系）：114.393597</td><td colspan="2">纬度（WGS84 坐标系）：22.764562</td></tr>
<tr><td>特点</td><td colspan="2">①散生 ②群状√</td><td>权属</td><td colspan="2">①国有 ②集体√ ③个人 ④其他</td></tr>
<tr><td>树龄</td><td colspan="5">估测树龄：110 年</td></tr>
<tr><td>古树等级</td><td>①一级 ②二级 ③三级√</td><td colspan="3">树高：19 m</td><td>胸围：235 cm</td></tr>
<tr><td>冠幅</td><td>平均：16 m</td><td colspan="3">东西：16 m</td><td>南北：16 m</td></tr>
<tr><td>生长势</td><td colspan="3">①正常株√ ②衰弱 ③濒危 ④死亡</td><td>生长环境</td><td>①好√ ②中 ③差</td></tr>
<tr><td>影响生长环境因素</td><td colspan="5">正常</td></tr>
<tr><td>管护单位</td><td colspan="3">坑梓街道办事处</td><td>管护人</td><td>坑梓街道办事处工作人员</td></tr>
<tr><td>树种鉴定记载</td><td colspan="5">由调查小组现场认定，并拍照记录相关信息</td></tr>
</table>

古树名木每木调查表

<table>
<tr><td>古树编号</td><td colspan="5">44031000500200062（原编号：02080119）</td></tr>
<tr><td rowspan="2">树种</td><td colspan="5">中文名：樟树</td></tr>
<tr><td colspan="5">拉丁名：Cinnamomum camphora (L.) J. Presl.　科：樟科　属：樟属</td></tr>
<tr><td rowspan="3">位置</td><td colspan="5">乡(镇、街道)：坑梓　村委会（居委会）：沙田　小地名：下廖村，樟树园（南下）</td></tr>
<tr><td colspan="5">生长场所：①乡村√ ②城区</td></tr>
<tr><td colspan="3">经度（WGS84 坐标系）：114.3935296</td><td colspan="2">纬度（WGS84 坐标系）：22.764536</td></tr>
<tr><td>特点</td><td colspan="2">①散生√ ②群状</td><td>权属</td><td colspan="2">①国有 ②集体√ ③个人 ④其他</td></tr>
<tr><td>树龄</td><td colspan="5">估测树龄：110 年</td></tr>
<tr><td>古树等级</td><td>①一级 ②二级 ③三级√</td><td colspan="3">树高：17 m</td><td>胸围：201 cm</td></tr>
<tr><td>冠幅</td><td>平均：14.5 m</td><td colspan="3">东西：15 m</td><td>南北：14 m</td></tr>
<tr><td>生长势</td><td colspan="3">①正常株√ ②衰弱 ③濒危 ④死亡</td><td>生长环境</td><td>①好 ②中√ ③差</td></tr>
<tr><td>影响生长环境因素</td><td colspan="5">正常</td></tr>
<tr><td>管护单位</td><td colspan="3">坑梓街道办事处</td><td>管护人</td><td>坑梓街道办事处工作人员</td></tr>
<tr><td>树种鉴定记载</td><td colspan="5">由调查小组现场认定，并拍照记录相关信息</td></tr>
</table>

古树名木每木调查表

<table>
<tr><th>古树编号</th><th colspan="5">44031000500200064（原编号：02080121）</th></tr>
<tr><td rowspan="2">树种</td><td colspan="5">中文名：樟树</td></tr>
<tr><td colspan="5">拉丁名：Cinnamomum camphora (L.) J. Presl.　科：樟科　属：樟属</td></tr>
<tr><td rowspan="3">位置</td><td colspan="5">乡(镇、街道)：坑梓　村委会（居委会）：沙田　小地名：下廖村，樟树园（南下）</td></tr>
<tr><td colspan="5">生长场所：①乡村√ ②城区</td></tr>
<tr><td colspan="3">经度（WGS84 坐标系）：114.393551</td><td colspan="2">纬度（WGS84 坐标系）：22.764863</td></tr>
<tr><td>特点</td><td colspan="2">①散生 ②群状√</td><td>权属</td><td colspan="2">①国有 ②集体√ ③个人 ④其他</td></tr>
<tr><td>树龄</td><td colspan="5">估测树龄：110 年</td></tr>
<tr><td>古树等级</td><td>①一级 ②二级 ③三级√</td><td colspan="3">树高：18 m</td><td>胸围：228 cm</td></tr>
<tr><td>冠幅</td><td>平均：10.5 m</td><td colspan="3">东西：10 m</td><td>南北：11 m</td></tr>
<tr><td>生长势</td><td colspan="3">①正常株√ ②衰弱 ③濒危 ④死亡</td><td>生长环境</td><td>①好 ②中√ ③差</td></tr>
<tr><td>影响生长环境因素</td><td colspan="5">正常</td></tr>
<tr><td>管护单位</td><td colspan="3">坑梓街道办事处</td><td>管护人</td><td>坑梓街道办事处工作人员</td></tr>
<tr><td>树种鉴定记载</td><td colspan="5">由调查小组现场认定，并拍照记录相关信息</td></tr>
</table>

古树名木每木调查表

<table>
<tr><td>古树编号</td><td colspan="5">44031000500200065（原编号：02080122）</td></tr>
<tr><td rowspan="2">树种</td><td colspan="5">中文名：樟树</td></tr>
<tr><td colspan="5">拉丁名：Cinnamomum camphora (L.) J.Presl.　科：樟科　属：樟属</td></tr>
<tr><td rowspan="3">位置</td><td colspan="5">乡(镇、街道)：坑梓　村委会（居委会）：沙田　小地名：下廖村，樟树园（南下）</td></tr>
<tr><td colspan="5">生长场所：①乡村√ ②城区</td></tr>
<tr><td colspan="3">经度（WGS84 坐标系）：114.393486</td><td colspan="2">纬度（WGS84 坐标系）：22.764932</td></tr>
<tr><td>特点</td><td colspan="2">①散生 ②群状√</td><td>权属</td><td colspan="2">①国有 ②集体√ ③个人 ④其他</td></tr>
<tr><td>树龄</td><td colspan="5">估测树龄：110 年</td></tr>
<tr><td>古树等级</td><td>①一级 ②二级 ③三级√</td><td colspan="3">树高：19 m</td><td>胸围：199 cm</td></tr>
<tr><td>冠幅</td><td>平均：15 m</td><td colspan="3">东西：16 m</td><td>南北：14 m</td></tr>
<tr><td>生长势</td><td colspan="3">①正常株√ ②衰弱 ③濒危 ④死亡</td><td>生长环境</td><td>①好 ②中√ ③差</td></tr>
<tr><td>影响生长环境因素</td><td colspan="5">正常</td></tr>
<tr><td>管护单位</td><td colspan="3">坑梓街道办事处</td><td>管护人</td><td>坑梓街道办事处工作人员</td></tr>
<tr><td>树种鉴定记载</td><td colspan="5">由调查小组现场认定，并拍照记录相关信息</td></tr>
</table>

古树名木每木调查表

<table>
<tr><td>古树编号</td><td colspan="5">44031000500200066（原编号：02080123）</td></tr>
<tr><td rowspan="2">树种</td><td colspan="5">中文名：樟树</td></tr>
<tr><td colspan="5">拉丁名：Cinnamomum camphora (L.) J.Presl.　科：樟科　属：樟属</td></tr>
<tr><td rowspan="3">位置</td><td colspan="5">乡（镇、街道）：坑梓　村委会（居委会）：沙田　小地名：下廖村，樟树园（南下）</td></tr>
<tr><td colspan="5">生长场所：①乡村√ ②城区</td></tr>
<tr><td colspan="3">经度（WGS84 坐标系）：114.393464</td><td colspan="2">纬度（WGS84 坐标系）：22.764864</td></tr>
<tr><td>特点</td><td colspan="2">①散生 ②群状√</td><td>权属</td><td colspan="2">①国有 ②集体 √ ③个人 ④其他</td></tr>
<tr><td>树龄</td><td colspan="5">估测树龄： 110 年</td></tr>
<tr><td>古树等级</td><td>①一级 ②二级 ③三级√</td><td colspan="3">树高：19 m</td><td>胸围：268 cm</td></tr>
<tr><td>冠幅</td><td>平均：14 m</td><td colspan="3">东西：15 m</td><td>南北：13 m</td></tr>
<tr><td>生长势</td><td colspan="3">①正常株 √ ②衰弱 ③濒危 ④死亡</td><td>生长环境</td><td>①好√ ②中 ③差</td></tr>
<tr><td>影响生长环境因素</td><td colspan="5">正常</td></tr>
<tr><td>管护单位</td><td colspan="3">坑梓街道办事处</td><td>管护人</td><td>坑梓街道办事处工作人员</td></tr>
<tr><td>树种鉴定记载</td><td colspan="5">由调查小组现场认定，并拍照记录相关信息</td></tr>
</table>

古树名木每木调查表

<table>
<tr><td>古树编号</td><td colspan="5">44031000500200067（原编号：02080124）</td></tr>
<tr><td rowspan="2">树种</td><td colspan="5">中文名：樟树</td></tr>
<tr><td colspan="5">拉丁名：Cinnamomum camphora (L.) J.Presl.　科：樟科　属：樟属</td></tr>
<tr><td rowspan="3">位置</td><td colspan="5">乡(镇、街道)：坑梓　村委会（居委会）：沙田　小地名：下廖村，樟树园（南下）</td></tr>
<tr><td colspan="5">生长场所：①乡村√ ②城区</td></tr>
<tr><td colspan="3">经度（WGS84 坐标系）：114.393394</td><td colspan="2">纬度（WGS84 坐标系）：22.7650228</td></tr>
<tr><td>特点</td><td colspan="2">①散生 ②群状√</td><td>权属</td><td colspan="2">①国有 ②集体√ ③个人 ④其他</td></tr>
<tr><td>树龄</td><td colspan="5">估测树龄：110 年</td></tr>
<tr><td>古树等级</td><td>①一级 ②二级 ③三级√</td><td colspan="3">树高：17.5 m</td><td>胸围：323 cm</td></tr>
<tr><td>冠幅</td><td>平均：17 m</td><td colspan="3">东西：17 m</td><td>南北：17 m</td></tr>
<tr><td>生长势</td><td colspan="3">①正常株√ ②衰弱 ③濒危 ④死亡</td><td>生长环境</td><td>①好 ②中√ ③差</td></tr>
<tr><td>影响生长环境因素</td><td colspan="5">正常</td></tr>
<tr><td>管护单位</td><td colspan="3">坑梓街道办事处</td><td>管护人</td><td>坑梓街道办事处工作人员</td></tr>
<tr><td>树种鉴定记载</td><td colspan="5">由调查小组现 场认定，并拍照记录相关信息</td></tr>
</table>

古树名木每木调查表

<table>
<tr><td>古树编号</td><td colspan="5">44031000500200078（原编号：02080146）</td></tr>
<tr><td rowspan="2">树种</td><td colspan="5">中文名：樟树</td></tr>
<tr><td colspan="5">拉丁名：Cinnamomum camphora (L.) J.Presl.　科：樟科　属：樟属</td></tr>
<tr><td rowspan="3">位置</td><td colspan="5">乡（镇、街道）：坑梓　村委会（居委会）：沙田　小地名：下廖村，樟树园（南下）</td></tr>
<tr><td colspan="5">生长场所：①乡村√ ②城区</td></tr>
<tr><td colspan="3">经度（WGS84 坐标系）：114.393242</td><td colspan="2">纬度（WGS84 坐标系）：22.7654408</td></tr>
<tr><td>特点</td><td colspan="2">①散生 ②群状√</td><td>权属</td><td colspan="2">①国有 ②集体√ ③个人 ④其他</td></tr>
<tr><td>树龄</td><td colspan="5">估测树龄：110 年</td></tr>
<tr><td>古树等级</td><td>①一级 ②二级 ③三级√</td><td colspan="3">树高：13 m</td><td>胸围：226 cm</td></tr>
<tr><td>冠幅</td><td>平均：13 m</td><td colspan="3">东西：14 m</td><td>南北：12 m</td></tr>
<tr><td>生长势</td><td colspan="3">①正常株 ②衰弱√ ③濒危 ④死亡</td><td>生长环境</td><td>①好 ②中√ ③差</td></tr>
<tr><td>影响生长环境因素</td><td colspan="5">有粉蚧，无树池，白蚁，枯枝</td></tr>
<tr><td>管护单位</td><td colspan="3">坑梓街道办事处</td><td>管护人</td><td>坑梓街道办事处工作人员</td></tr>
<tr><td>树种鉴定记载</td><td colspan="5">由调查小组现场认定，并拍照记录相关信息</td></tr>
</table>

古树名木每木调查表

古树编号	44031000500200080（原编号：02080148）			
树种	中文名：樟树			
	拉丁名：*Cinnamomum camphora* (L.) J.Presl.　科：樟科　属：樟属			
位置	乡（镇、街道）：坑梓　村委会（居委会）：沙田　小地名：下廖村，樟树园（南下）			
	生长场所：①乡村√ ②城区			
	经度（WGS84 坐标系）：114.393784		纬度（WGS84 坐标系）：2.764067	
特点	①散生 ②群状√	权属	①国有 ②集体 √ ③个人 ④其他	
树龄	估测树龄：100 年			
古树等级	①一级 ②二级 ③三级√	树高：14 m		胸围：218 cm
冠幅	平均：13 m	东西：12 m		南北：14 m
生长势	①正常株√ ②衰弱 ③濒危 ④死亡		生长环境	①好 ②中√ ③差
影响生长环境因素	无树池，薜荔，树干有大树洞，枯枝			
管护单位	坑梓街道办事处		管护人	坑梓街道办事处工作人员
树种鉴定记载	由调查小组现场认定，并拍照记录相关信息			

古树名木每木调查表

<table>
<tr><td>古树编号</td><td colspan="5">44031000500200081（原编号：02080149）</td></tr>
<tr><td rowspan="2">树种</td><td colspan="5">中文名：樟树</td></tr>
<tr><td colspan="5">拉丁名：Cinnamomum camphora (L.) J.Presl.　科：樟科　属：樟属</td></tr>
<tr><td rowspan="3">位置</td><td colspan="5">乡（镇、街道）：坑梓　村委会（居委会）：沙田　小地名：下廖村，樟树园（南下）</td></tr>
<tr><td colspan="5">生长场所：①乡村√ ②城区</td></tr>
<tr><td colspan="3">经度（WGS84 坐标系）：114.393745</td><td colspan="2">纬度（WGS84 坐标系）：22.764842</td></tr>
<tr><td>特点</td><td colspan="2">①散生 ②群状√</td><td>权属</td><td colspan="2">①国有 ②集体√ ③个人 ④其他</td></tr>
<tr><td>树龄</td><td colspan="5">估测树龄：100 年</td></tr>
<tr><td>古树等级</td><td>①一级 ②二级 ③三级√</td><td colspan="3">树高：19 m</td><td>胸围：194 cm</td></tr>
<tr><td>冠幅</td><td>平均：14.5 m</td><td colspan="3">东西：14 m</td><td>南北：15 m</td></tr>
<tr><td>生长势</td><td colspan="3">①正常株 ②衰弱√ ③濒危 ④死亡</td><td>生长环境</td><td>①好 ②中√ ③差</td></tr>
<tr><td>影响生长环境因素</td><td colspan="5">白蚁严重，树干肿大</td></tr>
<tr><td>管护单位</td><td colspan="3">坑梓街道办事处</td><td>管护人</td><td>坑梓街道办事处工作人员</td></tr>
<tr><td>树种鉴定记载</td><td colspan="5">由调查小组现场认定，并拍照记录相关信息</td></tr>
</table>

古树名木每木调查表

<table>
<tr><th>古树编号</th><th colspan="5">44031000500200079（原编号：02080147）</th></tr>
<tr><td rowspan="2">树种</td><td colspan="5">中文名：樟树</td></tr>
<tr><td colspan="5">拉丁名：Cinnamomum camphora (L.) J.Presl.　科：樟科　属：樟属</td></tr>
<tr><td rowspan="3">位置</td><td colspan="5">乡（镇、街道）：坑梓　村委会（居委会）：沙田　小地名：下廖村，樟树园（南下），靠近新房子</td></tr>
<tr><td colspan="5">生长场所：①乡村√ ②城区</td></tr>
<tr><td colspan="3">经度（WGS84 坐标系）：114.393561</td><td colspan="2">纬度（WGS84 坐标系）：22.764670</td></tr>
<tr><td>特点</td><td colspan="2">①散生 ②群状√</td><td>权属</td><td colspan="2">①国有 ②集体 √ ③个人 ④其他</td></tr>
<tr><td>树龄</td><td colspan="5">估测树龄：110 年</td></tr>
<tr><td>古树等级</td><td>①一级 ②二级 ③三级√</td><td colspan="3">树高：19 m</td><td>胸围：190 cm</td></tr>
<tr><td>冠幅</td><td>平均：15.5 m</td><td colspan="3">东西：16 m</td><td>南北：15 m</td></tr>
<tr><td>生长势</td><td colspan="3">①正常株 ②衰弱√ ③濒危 ④死亡</td><td>生长环境</td><td>①好 ②中√ ③差</td></tr>
<tr><td>影响生长环境因素</td><td colspan="5">绿萝缠绕，有病虫害，无树池</td></tr>
<tr><td>管护单位</td><td colspan="3">坑梓街道办事处</td><td>管护人</td><td>坑梓街道办事处工作人员</td></tr>
<tr><td>树种鉴定记载</td><td colspan="5">由调查小组现场认定，并拍照记录相关信息</td></tr>
</table>

古树名木每木调查表

古树编号	44031000500100036（原编号：02080092）			
树种	中文名：榕树			
	拉丁名：*Ficus microcarpa* L.f.　科：桑科　属：榕属			
位置	乡（镇、街道）：坑梓　村委会（居委会）：秀新　小地名：东二村，人民西路 88 号			
	生长场所：①乡村√ ②城区			
	经度（WGS84 坐标系）：114.373614		纬度（WGS84 坐标系）：22.749276	
特点	①散生√ ②群状	权属	①国有√ ②集体 ③个人 ④其他	
树龄	估测树龄：270 年			
古树等级	①一级 ②二级 ③三级√	树高：11 m		胸围：701 cm
冠幅	平均：27.5 m	东西：25 m		南北：30 m
生长势	①正常株√ ②衰弱 ③濒危 ④死亡		生长环境	①好 ②中√ ③差
影响生长环境因素	正常			
管护单位	坑梓街道办事处		管护人	坑梓街道办事处工作人员
树种鉴定记载	由调查小组现场认定，并拍照记录相关信息			

羊肉火锅

古树名木每木调查表

<table>
<tr><th>古树编号</th><th colspan="4">44031000500100037（原编号：02080093）</th></tr>
<tr><td rowspan="2">树种</td><td colspan="4">中文名：榕树</td></tr>
<tr><td colspan="4">拉丁名：Ficus microcarpa L.f.　科：桑科　属：榕属</td></tr>
<tr><td rowspan="3">位置</td><td colspan="4">乡（镇、街道）：坑梓　村委会（居委会）：秀新　小地名：东二村，人民西路 88 号右转进去约 50 米</td></tr>
<tr><td colspan="4">生长场所：①乡村√ ②城区</td></tr>
<tr><td colspan="2">经度（WGS84 坐标系）：114.373908</td><td colspan="2">纬度（WGS84 坐标系）：22.748948</td></tr>
<tr><td>特点</td><td>①散生√ ②群状</td><td>权属</td><td colspan="2">①国有 ②集体√ ③个人 ④其他</td></tr>
<tr><td>树龄</td><td colspan="4">估测树龄：270 年</td></tr>
<tr><td>古树等级</td><td>①一级 ②二级 ③三级√</td><td colspan="2">树高：16 m</td><td>胸围：725 cm</td></tr>
<tr><td>冠幅</td><td>平均：30 m</td><td colspan="2">东西：30 m</td><td>南北：30 m</td></tr>
<tr><td>生长势</td><td colspan="2">①正常株√ ②衰弱 ③濒危 ④死亡</td><td>生长环境</td><td>①好 ②中√ ③差</td></tr>
<tr><td>影响生长环境因素</td><td colspan="4">树下香火旺盛</td></tr>
<tr><td>管护单位</td><td colspan="2">坑梓街道办事处</td><td>管护人</td><td>坑梓街道办事处工作人员</td></tr>
<tr><td>树种鉴定记载</td><td colspan="4">由调查小组现场认定，并拍照记录相关信息</td></tr>
</table>

古树名木每木调查表

<table>
<tr><td>古树编号</td><td colspan="5">44031000500100038（原编号：02080094）</td></tr>
<tr><td rowspan="2">树种</td><td colspan="5">中文名：榕树</td></tr>
<tr><td colspan="5">拉丁名：Ficus microcarpa L.f.　　科：桑科　　属：榕属</td></tr>
<tr><td rowspan="3">位置</td><td colspan="5">乡（镇、街道）：坑梓　　村委会（居委会）：秀新　　小地名：东二村，新兴路 89 号</td></tr>
<tr><td colspan="5">生长场所：①乡村√ ②城区</td></tr>
<tr><td colspan="3">经度（WGS84 坐标系）：114.3743004</td><td colspan="2">纬度（WGS84 坐标系）：22.748627</td></tr>
<tr><td>特点</td><td colspan="2">①散生√ ②群状</td><td>权属</td><td colspan="2">①国有 ②集体√ ③个人 ④其他</td></tr>
<tr><td>树龄</td><td colspan="5">估测树龄：150 年</td></tr>
<tr><td>古树等级</td><td>①一级 ②二级 ③三级√</td><td colspan="3">树高：13 m</td><td>胸围：512 cm</td></tr>
<tr><td>冠幅</td><td>平均：17 m</td><td colspan="3">东西：16 m</td><td>南北：18 m</td></tr>
<tr><td>生长势</td><td colspan="3">①正常株√ ②衰弱 ③濒危 ④死亡</td><td>生长环境</td><td>①好 ②中√ ③差</td></tr>
<tr><td>影响生长环境因素</td><td colspan="5">正常</td></tr>
<tr><td>管护单位</td><td colspan="3">坑梓街道办事处</td><td>管护人</td><td>坑梓街道办事处工作人员</td></tr>
<tr><td>树种鉴定记载</td><td colspan="5">由调查小组现场认定，并拍照记录相关信息</td></tr>
</table>

古树名木每木调查表

<table>
<tr><td>古树编号</td><td colspan="5">44031000500100047（原编号：02080103）</td></tr>
<tr><td rowspan="2">树种</td><td colspan="5">中文名：榕树</td></tr>
<tr><td colspan="5">拉丁名：Ficus microcarpa L.f.　科：桑科　属：榕属</td></tr>
<tr><td rowspan="3">位置</td><td colspan="5">乡（镇、街道）：坑梓　村委会（居委会）：秀新　小地名：新村，园吓街 7 号</td></tr>
<tr><td colspan="5">生长场所：①乡村√ ②城区</td></tr>
<tr><td colspan="3">经度（WGS84 坐标系）：114.368558</td><td colspan="2">纬度（WGS84 坐标系）：22.750567</td></tr>
<tr><td>特点</td><td colspan="2">①散生√ ②群状</td><td>权属</td><td colspan="2">①国有 ②集体√ ③个人 ④其他</td></tr>
<tr><td>树龄</td><td colspan="5">估测树龄：130 年</td></tr>
<tr><td>古树等级</td><td>①一级 ②二级 ③三级√</td><td colspan="3">树高：13 m</td><td>胸围：456 cm</td></tr>
<tr><td>冠幅</td><td>平均：22 m</td><td colspan="3">东西：22 m</td><td>南北：22 m</td></tr>
<tr><td>生长势</td><td colspan="3">①正常株√ ②衰弱 ③濒危 ④死亡</td><td>生长环境</td><td>①好 ②中√ ③差</td></tr>
<tr><td>影响生长环境因素</td><td colspan="5">正常</td></tr>
<tr><td>管护单位</td><td colspan="3">坑梓街道办事处</td><td>管护人</td><td>坑梓街道办事处工作人员</td></tr>
<tr><td>树种鉴定记载</td><td colspan="5">由调查小组现场认定，并拍照记录相关信息</td></tr>
</table>

古树名木每木调查表

<table>
<tr><td>古树编号</td><td colspan="5">44031000500100046（原编号：02080102）</td></tr>
<tr><td rowspan="2">树种</td><td colspan="5">中文名：榕树</td></tr>
<tr><td colspan="5">拉丁名：Ficus microcarpa L.f.　科：桑科　属：榕属</td></tr>
<tr><td rowspan="3">位置</td><td colspan="5">乡（镇、街道）：坑梓　村委会（居委会）：秀新　小地名：新村公园，新村 9 号前</td></tr>
<tr><td colspan="5">生长场所：①乡村√ ②城区</td></tr>
<tr><td colspan="3">经度（WGS84 坐标系）：114.369385</td><td colspan="2">纬度（WGS84 坐标系）：22.750689</td></tr>
<tr><td>特点</td><td colspan="2">①散生√ ②群状</td><td>权属</td><td colspan="2">①国有√ ②集体 ③个人 ④其他</td></tr>
<tr><td>树龄</td><td colspan="5">估测树龄：130 年</td></tr>
<tr><td>古树等级</td><td>①一级 ②二级 ③三级√</td><td colspan="3">树高：13.5 m</td><td>胸围：464 cm</td></tr>
<tr><td>冠幅</td><td>平均：24.75 m</td><td colspan="3">东西：25.5 m</td><td>南北：24 m</td></tr>
<tr><td>生长势</td><td colspan="3">①正常株√ ②衰弱 ③濒危 ④死亡</td><td>生长环境</td><td>①好√ ②中 ③差</td></tr>
<tr><td>影响生长环境因素</td><td colspan="5">正常</td></tr>
<tr><td>管护单位</td><td colspan="3">坑梓街道办事处</td><td>管护人</td><td>坑梓街道办事处工作人员</td></tr>
<tr><td>树种鉴定记载</td><td colspan="5">由调查小组现场认定，并拍照记录相关信息</td></tr>
</table>

古树名木每木调查表

古树编号	44031000500100042（原编号：02080098）		
树种	中文名：笔管榕		
	拉丁名：*Ficus subpisocarpa* Gagnep.　　科：桑科　　属：榕属		
位置	乡（镇、街道）：坑梓　　村委会（居委会）：秀新　　小地名：新桥围村，新乔世居 8 号外小桥		
	生长场所：①乡村√ ②城区		
	经度（WGS84 坐标系）：114.3740		纬度（WGS84 坐标系）：22.748913
特点	①散生 ②群状√	权属	①国有 ②集体√ ③个人 ④其他
树龄	估测树龄：130 年		
古树等级	①一级 ②二级 ③三级√	树高：8 m	胸围：247 cm（左 117 cm，右 130 cm）
冠幅	平均：8 m	东西：8 m	南北：8 m
生长势	①正常株√ ②衰弱 ③濒危 ④死亡	生长环境	①好 ②中 ③差√
影响生长环境因素	河道污染		
管护单位	坑梓街道办事处	管护人	坑梓街道办事处工作人员
树种鉴定记载	由调查小组现场认定，并拍照记录相关信息		

古树名木每木调查表

<table>
<tr><td>古树编号</td><td colspan="5">44031000500100040（原编号：02080096）</td></tr>
<tr><td rowspan="2">树种</td><td colspan="5">中文名：榕树</td></tr>
<tr><td colspan="5">拉丁名：Ficus microcarpa L.f.　　科：桑科　　属：榕属</td></tr>
<tr><td rowspan="3">位置</td><td colspan="5">乡（镇、街道）：坑梓　　村委会（居委会）：秀新　　小地名：新桥围村，新乔世居 8 号外小桥</td></tr>
<tr><td colspan="5">生长场所：①乡村√ ②城区</td></tr>
<tr><td colspan="3">经度（WGS84 坐标系）：114.3700415</td><td colspan="2">纬度（WGS84 坐标系）：22.748927</td></tr>
<tr><td>特点</td><td colspan="2">①散生 ②群状√</td><td>权属</td><td colspan="2">①国有 ②集体√ ③个人 ④其他</td></tr>
<tr><td>树龄</td><td colspan="5">估测树龄：210 年</td></tr>
<tr><td>古树等级</td><td>①一级 ②二级 ③三级√</td><td colspan="2">树高：9.5 m</td><td colspan="2">胸围：220 cm</td></tr>
<tr><td>冠幅</td><td>平均：12 m</td><td colspan="2">东西：12 m</td><td colspan="2">南北：12 m</td></tr>
<tr><td>生长势</td><td colspan="2">①正常株√ ②衰弱 ③濒危 ④死亡</td><td colspan="2">生长环境</td><td>①好 ②中 ③差√</td></tr>
<tr><td>影响生长环境因素</td><td colspan="5">河道污染</td></tr>
<tr><td>管护单位</td><td colspan="2">坑梓街道办事处</td><td colspan="2">管护人</td><td>坑梓街道办事处工作人员</td></tr>
<tr><td>树种鉴定记载</td><td colspan="5">由调查小组现场认定，并拍照记录相关信息</td></tr>
</table>

古树名木每木调查表

<table>
<tr><td>古树编号</td><td colspan="5">44031000500100041（原编号：02080097）</td></tr>
<tr><td rowspan="2">树种</td><td colspan="5">中文名：榕树</td></tr>
<tr><td colspan="5">拉丁名：Ficus microcarpa L.f.　　科：桑科　　属：榕属</td></tr>
<tr><td rowspan="3">位置</td><td colspan="5">乡（镇、街道）：坑梓　　村委会（居委会）：秀新　　小地名：新桥围村，新乔世居 8 号外小桥</td></tr>
<tr><td colspan="5">生长场所：①乡村√ ②城区</td></tr>
<tr><td colspan="3">经度（WGS84 坐标系）：114.370067</td><td colspan="2">纬度（WGS84 坐标系）：22.748867</td></tr>
<tr><td>特点</td><td colspan="2">①散生 ②群状√</td><td>权属</td><td colspan="2">①国有 ②集体√ ③个人 ④其他</td></tr>
<tr><td>树龄</td><td colspan="5">估测树龄：210 年</td></tr>
<tr><td>古树等级</td><td>①一级 ②二级 ③三级√</td><td colspan="3">树高：9 m</td><td>胸围：233 cm</td></tr>
<tr><td>冠幅</td><td>平均：16 m</td><td colspan="3">东西：16 m</td><td>南北：16 m</td></tr>
<tr><td>生长势</td><td colspan="3">①正常株√ ②衰弱 ③濒危 ④死亡</td><td>生长环境</td><td>①好 ②中 ③差√</td></tr>
<tr><td>影响生长环境因素</td><td colspan="5">河道污染</td></tr>
<tr><td>管护单位</td><td colspan="3">坑梓街道办事处</td><td>管护人</td><td>坑梓街道办事处工作人员</td></tr>
<tr><td>树种鉴定记载</td><td colspan="5">由调查小组现场认定，并拍照记录相关信息</td></tr>
</table>

古树名木每木调查表

<table>
<tr><td>古树编号</td><td colspan="5">44031000500100045（原编号：02080101）</td></tr>
<tr><td rowspan="2">树种</td><td colspan="5">中文名：榕树</td></tr>
<tr><td colspan="5">拉丁名：Ficus microcarpa L.f.　科：桑科　属：榕属</td></tr>
<tr><td rowspan="3">位置</td><td colspan="5">乡（镇、街道）：坑梓　村委会（居委会）：秀新　小地名：新桥围村，新乔巷 10 号后</td></tr>
<tr><td colspan="5">生长场所：①乡村√ ②城区</td></tr>
<tr><td colspan="3">经度（WGS84 坐标系）：114.371141</td><td colspan="2">纬度（WGS84 坐标系）：22.750255</td></tr>
<tr><td>特点</td><td colspan="2">①散生 ②群状√</td><td>权属</td><td colspan="2">①国有 ②集体√ ③个人 ④其他</td></tr>
<tr><td>树龄</td><td colspan="5">估测树龄：210 年</td></tr>
<tr><td>古树等级</td><td>①一级 ②二级 ③三级√</td><td colspan="3">树高：13 m</td><td>胸围：575 cm</td></tr>
<tr><td>冠幅</td><td>平均：27 m</td><td colspan="3">东西：27 m</td><td>南北：27 m</td></tr>
<tr><td>生长势</td><td colspan="3">①正常株√ ②衰弱 ③濒危 ④死亡</td><td>生长环境</td><td>①好 ②中√ ③差</td></tr>
<tr><td>影响生长环境因素</td><td colspan="5">正常</td></tr>
<tr><td>管护单位</td><td colspan="3">坑梓街道办事处</td><td>管护人</td><td>坑梓街道办事处工作人员</td></tr>
<tr><td>树种鉴定记载</td><td colspan="5">由调查小组现场认定，并拍照记录相关信息</td></tr>
</table>

古树名木每木调查表

古树编号	44031000500100044（原编号：02080100）			
树种	中文名：榕树			
	拉丁名：*Ficus microcarpa* L.f.　科：桑科　属：榕属			
位置	乡（镇、街道）：坑梓　村委会（居委会）：秀新　小地名：新桥围村，新桥街 28 号隔壁			
	生长场所：①乡村√ ②城区			
	经度（WGS84 坐标系）：114.372233		纬度（WGS84 坐标系）：22.750522	
特点	①散生 ②群状√	权属	①国有 ②集体√ ③个人 ④其他	
树龄	估测树龄：140 年			
古树等级	①一级 ②二级 ③三级√	树高：19 m		胸围：398 cm
冠幅	平均：20 m	东西：12 m		南北：20 m
生长势	①正常株√ ②衰弱 ③濒危 ④死亡		生长环境	①好 ②中√ ③差
影响生长环境因素	正常			
管护单位	坑梓街道办事处		管护人	坑梓街道办事处工作人员
树种鉴定记载	由调查小组现场认定，并拍照记录相关信息			

7.3 龙田街道

古树名木每木调查表

古树编号	44031000600100161（原编号：02080141）			
树种	中文名：榕树			
	拉丁名：*Ficus microcarpa* L.f.　科：桑科　属：榕属			
位置	乡（镇、街道）：龙田　村委会（居委会）：老坑　小地名：井水龙村，废品收集站			
	生长场所：①乡村√ ②城区			
	经度（WGS84 坐标系）：114.369032		纬度（WGS84 坐标系）：22.737736	
特点	①散生√ ②群状	权属	①国有 ②集体√ ③个人 ④其他	
树龄	估测树龄：210 年			
古树等级	①一级 ②二级 ③三级√	树高：14 m		胸围：432 cm
冠幅	平均：20 m	东西：20 m		南北：20 m
生长势	①正常株√ ②衰弱 ③濒危 ④死亡		生长环境	①好 ②中√ ③差
影响生长环境因素	正常			
管护单位	龙田街道办事处		管护人	龙田街道办事处工作人员
树种鉴定记载	由调查小组现场认定，并拍照记录相关信息			

古树名木每木调查表

<table>
<tr><th>古树编号</th><th colspan="5">44031000600100159（原编号：02080139）</th></tr>
<tr><td rowspan="2">树种</td><td colspan="5">中文名：樟树</td></tr>
<tr><td colspan="5">拉丁名：Cinnamomum camphora (L.) J.Presl.　科：樟科　属：樟属</td></tr>
<tr><td rowspan="3">位置</td><td colspan="5">乡（镇、街道）：龙田　村委会（居委会）：老坑　小地名：盘古石村，五丰路</td></tr>
<tr><td colspan="5">生长场所：①乡村√ ②城区</td></tr>
<tr><td colspan="3">经度（WGS84 坐标系）：114.357968</td><td colspan="2">纬度（WGS84 坐标系）：22.727338</td></tr>
<tr><td>特点</td><td colspan="2">①散生√ ②群状</td><td>权属</td><td colspan="2">①国有 ②集体√ ③个人 ④其他</td></tr>
<tr><td>树龄</td><td colspan="5">估测树龄：110 年</td></tr>
<tr><td>古树等级</td><td>①一级 ②二级 ③三级√</td><td colspan="3">树高：8.5 m</td><td>胸围：322 cm</td></tr>
<tr><td>冠幅</td><td>平均：9 m</td><td colspan="3">东西：9 m</td><td>南北：9 m</td></tr>
<tr><td>生长势</td><td colspan="3">①正常株√ ②衰弱 ③濒危 ④死亡</td><td>生长环境</td><td>①好 ②中√ ③差</td></tr>
<tr><td>影响生长环境因素</td><td colspan="5">正常</td></tr>
<tr><td>管护单位</td><td colspan="3">龙田街道办事处</td><td>管护人</td><td>龙田街道办事处工作人员</td></tr>
<tr><td>树种鉴定记载</td><td colspan="5">由调查小组现场认定，并拍照记录相关信息</td></tr>
</table>

古树名木每木调查表

古树编号	44031000600100160（原编号：02080140）			
树种	中文名：樟树			
	拉丁名：*Cinnamomum camphora* (L.) J.Presl.　科：樟科　属：樟属			
位置	乡（镇、街道）：龙田　村委会（居委会）：老坑　小地名：盘古石村，五丰路			
	生长场所：①乡村√ ②城区			
	经度（WGS84 坐标系）：114.357947		纬度（WGS84 坐标系）：22.727378	
特点	①散生√ ②群状	权属	①国有 ②集体√ ③个人 ④其他	
树龄	估测树龄：120 年			
古树等级	①一级 ②二级 ③三级√	树高：9 m		胸围：229 cm
冠幅	平均：9.75 m	东西：9 m		南北：10.5 m
生长势	①正常株√ ②衰弱 ③濒危 ④死亡		生长环境	①好 ②中√ ③差
影响生长环境因素	有断枝和枯枝			
管护单位	龙田街道办事处		管护人	龙田街道办事处工作人员
树种鉴定记载	由调查小组现场认定，并拍照记录相关信息			

古树名木每木调查表

<table>
<tr><td>古树编号</td><td colspan="5">44031000600100157（原编号：02080137）</td></tr>
<tr><td rowspan="2">树种</td><td colspan="5">中文名：笔管榕</td></tr>
<tr><td colspan="5">拉丁名：Ficus subpisocarpa Gagnep.　科：桑科　属：榕属</td></tr>
<tr><td rowspan="3">位置</td><td colspan="5">乡（镇、街道）：龙田　村委会（居委会）：老坑　小地名：松子坑村，松子坑路 9 号</td></tr>
<tr><td colspan="5">生长场所：①乡村√ ②城区</td></tr>
<tr><td colspan="3">经度（WGS84 坐标系）：114.352316</td><td colspan="2">纬度（WGS84 坐标系）：22.722759</td></tr>
<tr><td>特点</td><td colspan="2">①散生√ ②群状</td><td>权属</td><td colspan="2">①国有 ②集体√ ③个人 ④其他</td></tr>
<tr><td>树龄</td><td colspan="5">估测树龄：140 年</td></tr>
<tr><td>古树等级</td><td>①一级 ②二级 ③三级√</td><td colspan="3">树高：9 m</td><td>胸围：435 cm</td></tr>
<tr><td>冠幅</td><td>平均：12 m</td><td colspan="3">东西：12 m</td><td>南北：12 m</td></tr>
<tr><td>生长势</td><td colspan="3">①正常株 ②衰弱√ ③濒危 ④死亡</td><td>生长环境</td><td>①好 ②中 ③差√</td></tr>
<tr><td>影响生长环境因素</td><td colspan="5">房屋致使生长空间狭小</td></tr>
<tr><td>管护单位</td><td colspan="3">龙田街道办事处</td><td>管护人</td><td>龙田街道办事处工作人员</td></tr>
<tr><td>树种鉴定记载</td><td colspan="5">由调查小组现场认定，并拍照记录相关信息</td></tr>
</table>

古树名木每木调查表

古树编号	44031000600100158（原编号：02080138）				
树种	中文名：樟树				
	拉丁名：*Cinnamomum camphora* (L.) J.Presl.　科：樟科　属：樟属				
位置	乡（镇、街道）：龙田　村委会（居委会）：老坑　小地名：松子坑村，松子坑路 9 号				
	生长场所：①乡村√ ②城区				
	经度（WGS84 坐标系）：114.352331			纬度（WGS84 坐标系）：22.722729	
特点	①散生√ ②群状		权属	①国有 ②集体√ ③个人 ④其他	
树龄	估测树龄：130 年				
古树等级	①一级 ②二级 ③三级√	树高：10.5 m			胸围：367 cm
冠幅	平均：8.5 m	东西：8.5 m			南北：8.5 m
生长势	①正常株 ②衰弱√ ③濒危 ④死亡		生长环境		①好 ②中 ③差√
影响生长环境因素	断枝				
管护单位	龙田街道办事处		管护人		龙田街道办事处工作人员
树种鉴定记载	由调查小组现场认定，并拍照记录相关信息				

古树名木每木调查表

<table>
<tr><td>古树编号</td><td colspan="5">44031000600100156（原编号：02080136）</td></tr>
<tr><td rowspan="2">树种</td><td colspan="5">中文名：榕树</td></tr>
<tr><td colspan="5">拉丁名：Ficus microcarpa L. f.　科：桑科　属：榕属</td></tr>
<tr><td rowspan="3">位置</td><td colspan="5">乡(镇、街道)：龙田　村委会(居委会)：老坑　小地名：西坑村，盘龙路49号(东坑村路口)</td></tr>
<tr><td colspan="5">生长场所：①乡村√ ②城区</td></tr>
<tr><td colspan="3">经度（WGS84坐标系）：114.362413</td><td colspan="2">纬度（WGS84坐标系）：22.733194</td></tr>
<tr><td>特点</td><td colspan="2">①散生√ ②群状</td><td>权属</td><td colspan="2">①国有 ②集体√ ③个人 ④其他</td></tr>
<tr><td>树龄</td><td colspan="5">估测树龄：160年</td></tr>
<tr><td>古树等级</td><td>①一级 ②二级 ③三级√</td><td colspan="3">树高：12 m</td><td>胸围：857 cm</td></tr>
<tr><td>冠幅</td><td>平均：15 m</td><td colspan="3">东西：15 m</td><td>南北：15 m</td></tr>
<tr><td>生长势</td><td colspan="3">①正常株 ②衰弱√ ③濒危 ④死亡</td><td>生长环境</td><td>①好 ②中√ ③差</td></tr>
<tr><td>影响生长环境因素</td><td colspan="5">树下香火旺盛，有断枝和枯枝</td></tr>
<tr><td>管护单位</td><td colspan="3">龙田街道办事处</td><td>管护人</td><td>龙田街道办事处工作人员</td></tr>
<tr><td>树种鉴定记载</td><td colspan="5">由调查小组现场认定，并拍照记录相关信息</td></tr>
</table>

古树名木每木调查表

古树编号	44031000600200162（原编号：02080142）				
树种	中文名：榕树				
	拉丁名：*Ficus microcarpa* L. f.　科：桑科　属：榕属				
位置	乡（镇、街道）：龙田　村委会（居委会）：龙田　小地名：大水湾村，金龙湾山庄				
	生长场所：①乡村√ ②城区				
	经度（WGS84 坐标系）：114.360372			纬度（WGS84 坐标系）：22.757129	
特点	①散生√ ②群状		权属	①国有 ②集体√ ③个人 ④其他	
树龄	估测树龄：260 年				
古树等级	①一级 ②二级 ③三级√	树高：16 m			胸围：536 cm
冠幅	平均：32 m	东西：32 m			南北：32 m
生长势	①正常株 ②衰弱√ ③濒危 ④死亡			生长环境	①好 ②中√ ③差
影响生长环境因素	树洞				
管护单位	龙田街道办事处			管护人	龙田街道办事处工作人员
树种鉴定记载	由调查小组现场认定，并拍照记录相关信息				

古树名木每木调查表

古树编号	44031000600200163（原编号：02080143）			
树种	中文名：榕树			
	拉丁名：*Ficus microcarpa* L. f.　科：桑科　属：榕属			
位置	乡（镇、街道）：龙田　村委会（居委会）：龙田　小地名：大水湾村，金龙湾山庄			
	生长场所：①乡村√ ②城区			
	经度（WGS84 坐标系）：114.359548		纬度（WGS84 坐标系）：22.757208	
特点	①散生√ ②群状	权属	①国有 ②集体√ ③个人 ④其他	
树龄	估测树龄：260 年			
古树等级	①一级 ②二级 ③三级√	树高：16 m		胸围：534 cm
冠幅	平均：30 m	东西：30 m		南北：30 m
生长势	①正常株√ ②衰弱 ③濒危 ④死亡		生长环境	①好 ②中√ ③差
影响生长环境因素	树下香火旺盛			
管护单位	龙田街道办事处		管护人	龙田街道办事处工作人员
树种鉴定记载	由调查小组现场认定，并拍照记录相关信息			

古树名木每木调查表

<table>
<tr><td>古树编号</td><td colspan="5">44031000600200165（原编号：02080145）</td></tr>
<tr><td rowspan="2">树种</td><td colspan="5">中文名：榕树</td></tr>
<tr><td colspan="5">拉丁名：Ficus microcarpa L. f.　科：桑科　属：榕属</td></tr>
<tr><td rowspan="3">位置</td><td colspan="5">乡（镇、街道）：龙田　村委会（居委会）：龙田　小地名：龙湖村，同富裕小区 1 巷 11 号</td></tr>
<tr><td colspan="5">生长场所：①乡村√ ②城区</td></tr>
<tr><td colspan="3">经度（WGS84 坐标系）：114.357067</td><td colspan="2">纬度（WGS84 坐标系）：22.758068</td></tr>
<tr><td>特点</td><td colspan="2">①散生√ ②群状</td><td>权属</td><td colspan="2">①国有 ②集体√ ③个人 ④其他</td></tr>
<tr><td>树龄</td><td colspan="5">估测树龄：140 年</td></tr>
<tr><td>古树等级</td><td>①一级 ②二级 ③三级√</td><td colspan="3">树高：10 m</td><td>胸围：535 cm</td></tr>
<tr><td>冠幅</td><td>平均：21.25 m</td><td colspan="3">东西：20.5 m</td><td>南北：22 m</td></tr>
<tr><td>生长势</td><td colspan="3">①正常株√ ②衰弱 ③濒危 ④死亡</td><td>生长环境</td><td>①好 ②中√ ③差</td></tr>
<tr><td>影响生长环境因素</td><td colspan="5">树下香火旺盛</td></tr>
<tr><td>管护单位</td><td colspan="3">龙田街道办事处</td><td>管护人</td><td>龙田街道办事处工作人员</td></tr>
<tr><td>树种鉴定记载</td><td colspan="5">由调查小组现场认定，并拍照记录相关信息</td></tr>
</table>

古树名木每木调查表

<table>
<tr><td>古树编号</td><td colspan="5">44031000600200164（原编号：02080144）</td></tr>
<tr><td rowspan="2">树种</td><td colspan="5">中文名：榕树</td></tr>
<tr><td colspan="5">拉丁名：Ficus microcarpa L. f.　科：桑科　属：榕属</td></tr>
<tr><td rowspan="3">位置</td><td colspan="5">乡（镇、街道）：龙田　村委会（居委会）：龙田　小地名：新屋村 43 号门前</td></tr>
<tr><td colspan="5">生长场所：①乡村√ ②城区</td></tr>
<tr><td colspan="3">经度（WGS84 坐标系）：114.355218</td><td colspan="2">纬度（WGS84 坐标系）：22.761832</td></tr>
<tr><td>特点</td><td colspan="2">①散生√ ②群状</td><td>权属</td><td colspan="2">①国有 ②集体√ ③个人 ④其他</td></tr>
<tr><td>树龄</td><td colspan="5">估测树龄：130 年</td></tr>
<tr><td>古树等级</td><td>①一级 ②二级 ③三级√</td><td colspan="3">树高：20 m</td><td>胸围：676 cm</td></tr>
<tr><td>冠幅</td><td>平均：20.5 m</td><td colspan="3">东西：20 m</td><td>南北：21 m</td></tr>
<tr><td>生长势</td><td colspan="3">①正常株√ ②衰弱 ③濒危 ④死亡</td><td>生长环境</td><td>①好 ②中√ ③差</td></tr>
<tr><td>影响生长环境因素</td><td colspan="5">树下香火旺盛</td></tr>
<tr><td>管护单位</td><td colspan="3">龙田街道办事处</td><td>管护人</td><td>龙田街道办事处工作人员</td></tr>
<tr><td>树种鉴定记载</td><td colspan="5">由调查小组现场认定，并拍照记录相关信息</td></tr>
</table>

古树名木每木调查表

古树编号	44031000600400153（原编号：02080081）				
树种	中文名：榕树				
	拉丁名：*Ficus microcarpa* L. f.　科：桑科　属：榕属				
位置	乡（镇、街道）：龙田　村委会（居委会）：南布　小地名：恩达后门，宏昌路 34 号				
	生长场所：①乡村√ ②城区				
	经度（WGS84 坐标系）：114.364125			纬度（WGS84 坐标系）：22.70347	
特点	①散生√ ②群状		权属	①国有 ②集体√ ③个人 ④其他	
树龄	估测树龄：150 年				
古树等级	①一级 ②二级 ③三级√	树高：17 m			胸围：608 cm
冠幅	平均：19.5 m	东西：20 m			南北：19 m
生长势	①正常株√ ②衰弱 ③濒危 ④死亡			生长环境	①好 ②中√ ③差
影响生长环境因素	旁边杂灌丛生				
管护单位	龙田街道办事处			管护人	龙田街道办事处工作人员
树种鉴定记载	由调查小组现场认定，并拍照记录相关信息				

古树名木每木调查表

古树编号	44031000600400152（原编号：02080080）				
树种	中文名：榕树				
	拉丁名：*Ficus microcarpa* L. f.　科：桑科　属：榕属				
位置	乡（镇、街道）：龙田　村委会（居委会）：南布　小地名：恩达后门，宏昌路 38 号				
	生长场所：①乡村√ ②城区				
	经度（WGS84 坐标系）：114.364428			纬度（WGS84 坐标系）：22.701027	
特点	①散生√ ②群状		权属	①国有 ②集体√ ③个人 ④其他	
树龄	估测树龄：150 年				
古树等级	①一级 ②二级 ③三级√	树高：17 m			胸围：577 cm
冠幅	平均：20.5 m	东西：20 m			南北：21 m
生长势	①正常株√ ②衰弱 ③濒危 ④死亡			生长环境	①好 ②中√ ③差
影响生长环境因素	有树洞				
管护单位	龙田街道办事处			管护人	龙田街道办事处工作人员
树种鉴定记载	由调查小组现场认定，并拍照记录相关信息				

古树名木每木调查表

<table>
<tr><td>古树编号</td><td colspan="5">44031000600400154（原编号：02080082）</td></tr>
<tr><td rowspan="2">树种</td><td colspan="5">中文名：榕树</td></tr>
<tr><td colspan="5">拉丁名：Ficus microcarpa L. f.　科：桑科　属：榕属</td></tr>
<tr><td rowspan="3">位置</td><td colspan="5">乡（镇、街道）：龙田　村委会（居委会）：南布　小地名：南布村，黄屋背，上南路 19 号</td></tr>
<tr><td colspan="5">生长场所：①乡村√ ②城区</td></tr>
<tr><td colspan="3">经度（WGS84 坐标系）：114.362954</td><td colspan="2">纬度（WGS84 坐标系）：22.703267</td></tr>
<tr><td>特点</td><td colspan="2">①散生√ ②群状</td><td>权属</td><td colspan="2">①国有 ②集体√ ③个人 ④其他</td></tr>
<tr><td>树龄</td><td colspan="5">估测树龄：150 年</td></tr>
<tr><td>古树等级</td><td>①一级 ②二级 ③三级√</td><td colspan="3">树高：17 m</td><td>胸围：404 cm</td></tr>
<tr><td>冠幅</td><td>平均：13 m</td><td colspan="3">东西：18 m</td><td>南北：8 m</td></tr>
<tr><td>生长势</td><td colspan="3">①正常株√ ②衰弱 ③濒危 ④死亡</td><td>生长环境</td><td>①好 ②中√ ③差</td></tr>
<tr><td>影响生长环境因素</td><td colspan="5">有粉蚧，枯枝断枝，香火旺盛。树基被水泥围起，四周房子和道路致其生长空间狭窄</td></tr>
<tr><td>管护单位</td><td colspan="3">龙田街道办事处</td><td>管护人</td><td>龙田街道办事处工作人员</td></tr>
<tr><td>树种鉴定记载</td><td colspan="5">由调查小组现场认定，并拍照记录相关信息</td></tr>
</table>

古树名木每木调查表

<table>
<tr><td>古树编号</td><td colspan="5">44031000600400155（原编号：02080083）</td></tr>
<tr><td rowspan="2">树种</td><td colspan="5">中文名：榕树</td></tr>
<tr><td colspan="5">拉丁名：Ficus microcarpa L. f.　科：桑科　属：榕属</td></tr>
<tr><td rowspan="3">位置</td><td colspan="5">乡（镇、街道）：龙田　村委会（居委会）：南布　小地名：南布村，张屋背，上南路35号后山</td></tr>
<tr><td colspan="5">生长场所：①乡村√ ②城区</td></tr>
<tr><td colspan="3">经度（WGS84坐标系）：114.363306</td><td colspan="2">纬度（WGS84坐标系）：22.703848</td></tr>
<tr><td>特点</td><td colspan="2">①散生√ ②群状</td><td>权属</td><td colspan="2">①国有 ②集体√ ③个人 ④其他</td></tr>
<tr><td>树龄</td><td colspan="5">估测树龄：170年</td></tr>
<tr><td>古树等级</td><td>①一级 ②二级 ③三级√</td><td colspan="3">树高：22 m</td><td>胸围：607 cm</td></tr>
<tr><td>冠幅</td><td>平均：17 m</td><td colspan="3">东西：18 m</td><td>南北：16 m</td></tr>
<tr><td>生长势</td><td colspan="3">①正常株√ ②衰弱 ③濒危 ④死亡</td><td>生长环境</td><td>①好 ②中√ ③差</td></tr>
<tr><td>影响生长环境因素</td><td colspan="5">四周杂树丛生，枯枝断枝，截枝，有粉蚧</td></tr>
<tr><td>管护单位</td><td colspan="3">龙田街道办事处</td><td>管护人</td><td>龙田街道办事处工作人员</td></tr>
<tr><td>树种鉴定记载</td><td colspan="5">由调查小组现场认定，并拍照记录相关信息</td></tr>
</table>

古树名木每木调查表

<table>
<tr><td>古树编号</td><td colspan="5">44031000600400149（原编号：02080077）</td></tr>
<tr><td rowspan="2">树种</td><td colspan="5">中文名：榕树</td></tr>
<tr><td colspan="5">拉丁名：Ficus microcarpa L. f.　科：桑科　属：榕属</td></tr>
<tr><td rowspan="3">位置</td><td colspan="5">乡（镇、街道）：龙田　村委会（居委会）：南布　小地名：燕子岭村，盈富家园后</td></tr>
<tr><td colspan="5">生长场所：①乡村√ ②城区</td></tr>
<tr><td colspan="3">经度（WGS84 坐标系）：114.365013</td><td colspan="2">纬度（WGS84 坐标系）：22.705925</td></tr>
<tr><td>特点</td><td colspan="2">①散生√ ②群状</td><td>权属</td><td colspan="2">①国有 ②集体√ ③个人 ④其他</td></tr>
<tr><td>树龄</td><td colspan="5">估测树龄：100 年</td></tr>
<tr><td>古树等级</td><td>①一级 ②二级 ③三级√</td><td colspan="2">树高：14 m</td><td colspan="2">胸围：488 cm</td></tr>
<tr><td>冠幅</td><td>平均：16.5 m</td><td colspan="2">东西：17 m</td><td colspan="2">南北：16 m</td></tr>
<tr><td>生长势</td><td colspan="2">①正常株√ ②衰弱 ③濒危 ④死亡</td><td>生长环境</td><td colspan="2">①好√ ②中 ③差</td></tr>
<tr><td>影响生长环境因素</td><td colspan="5">无树池，枯枝断枝，香火旺盛</td></tr>
<tr><td>管护单位</td><td colspan="2">龙田街道办事处</td><td>管护人</td><td colspan="2">龙田街道办事处工作人员</td></tr>
<tr><td>树种鉴定记载</td><td colspan="5">由调查小组现场认定，并拍照记录相关信息</td></tr>
</table>

古树名木每木调查表

<table>
<tr><td>古树编号</td><td colspan="5">44031000600400150（原编号：02080078）</td></tr>
<tr><td rowspan="2">树种</td><td colspan="5">中文名：榕树</td></tr>
<tr><td colspan="5">拉丁名：Ficus microcarpa L. f.　科：桑科　属：榕属</td></tr>
<tr><td rowspan="3">位置</td><td colspan="5">乡（镇、街道）：龙田　村委会（居委会）：南布　小地名：燕子岭村，盈富家园</td></tr>
<tr><td colspan="5">生长场所：①乡村√ ②城区</td></tr>
<tr><td colspan="3">经度（WGS84 坐标系）：114.365006</td><td colspan="2">纬度（WGS84 坐标系）：22.705856</td></tr>
<tr><td>特点</td><td colspan="2">①散生√ ②群状</td><td>权属</td><td colspan="2">①国有 ②集体√ ③个人 ④其他</td></tr>
<tr><td>树龄</td><td colspan="5">估测树龄：100 年</td></tr>
<tr><td>古树等级</td><td>①一级 ②二级 ③三级√</td><td colspan="3">树高：14 m</td><td>胸围：627 cm</td></tr>
<tr><td>冠幅</td><td>平均：17.5 m</td><td colspan="3">东西：18 m</td><td>南北：17 m</td></tr>
<tr><td>生长势</td><td colspan="3">①正常株√ ②衰弱 ③濒危 ④死亡</td><td>生长环境</td><td>①好√ ②中 ③差</td></tr>
<tr><td>影响生长环境因素</td><td colspan="5">树下香火旺盛，枯枝断枝，分枝多，有粉蚧</td></tr>
<tr><td>管护单位</td><td colspan="3">龙田街道办事处</td><td>管护人</td><td>龙田街道办事处工作人员</td></tr>
<tr><td>树种鉴定记载</td><td colspan="5">由调查小组现场认定，并拍照记录相关信息</td></tr>
</table>

古树名木每木调查表

<table>
<tr><td>古树编号</td><td colspan="5">44031000600400151（原编号：02080079）</td></tr>
<tr><td rowspan="2">树种</td><td colspan="5">中文名：榕树</td></tr>
<tr><td colspan="5">拉丁名：Ficus microcarpa L. f.　科：桑科　属：榕属</td></tr>
<tr><td rowspan="3">位置</td><td colspan="5">乡（镇、街道）：龙田　村委会（居委会）：南布　小地名：燕子岭村，盈富家园</td></tr>
<tr><td colspan="5">生长场所：①乡村√ ②城区</td></tr>
<tr><td colspan="3">经度（WGS84 坐标系）：114.365072</td><td colspan="2">纬度（WGS84 坐标系）：22.706435</td></tr>
<tr><td>特点</td><td colspan="2">①散生√ ②群状</td><td>权属</td><td colspan="2">①国有 ②集体√ ③个人 ④其他</td></tr>
<tr><td>树龄</td><td colspan="5">估测树龄：100 年</td></tr>
<tr><td>古树等级</td><td>①一级 ②二级 ③三级√</td><td colspan="3">树高：18 m</td><td>胸围：406 cm</td></tr>
<tr><td>冠幅</td><td>平均：22.5 m</td><td colspan="3">东西：23 m</td><td>南北：22 m</td></tr>
<tr><td>生长势</td><td colspan="3">①正常株√ ②衰弱 ③濒危 ④死亡</td><td>生长环境</td><td>①好√ ②中 ③差</td></tr>
<tr><td>影响生长环境因素</td><td colspan="5">在小山包上，依树建成小游园。有枯枝断枝，有粉蚧</td></tr>
<tr><td>管护单位</td><td colspan="3">龙田街道办事处</td><td>管护人</td><td>龙田街道办事处工作人员</td></tr>
<tr><td>树种鉴定记载</td><td colspan="5">由调查小组现场认定，并拍照记录相关信息</td></tr>
</table>

古树名木每木调查表

<table>
<tr><td>古树编号</td><td colspan="5">44031000600400148（原编号：02080076）</td></tr>
<tr><td rowspan="2">树种</td><td colspan="5">中文名：水翁</td></tr>
<tr><td colspan="5">拉丁名：Cleistocalyx operculatus (Roxb.) Merr. et L. M. Perry　科：桃金娘科　属：水翁属</td></tr>
<tr><td rowspan="3">位置</td><td colspan="5">乡（镇、街道）：龙田　村委会（居委会）：南布　小地名：燕子岭村，盈富家园</td></tr>
<tr><td colspan="5">生长场所：①乡村√ ②城区</td></tr>
<tr><td colspan="3">经度（WGS84 坐标系）：114.365004</td><td colspan="2">纬度（WGS84 坐标系）：22.706061</td></tr>
<tr><td>特点</td><td colspan="2">①散生√ ②群状</td><td>权属</td><td colspan="2">①国有 ②集体√ ③个人 ④其他</td></tr>
<tr><td>树龄</td><td colspan="5">估测树龄：100 年</td></tr>
<tr><td>古树等级</td><td>①一级 ②二级 ③三级√</td><td colspan="3">树高：12 m</td><td>胸围：247 cm</td></tr>
<tr><td>冠幅</td><td>平均：10 m</td><td colspan="3">东西：9 m</td><td>南北：11 m</td></tr>
<tr><td>生长势</td><td colspan="3">①正常株√ ②衰弱 ③濒危 ④死亡</td><td>生长环境</td><td>①好 ②中√ ③差</td></tr>
<tr><td>影响生长环境因素</td><td colspan="5">枯枝断枝，截枝</td></tr>
<tr><td>管护单位</td><td colspan="3">龙田街道办事处</td><td>管护人</td><td>龙田街道办事处工作人员</td></tr>
<tr><td>树种鉴定记载</td><td colspan="5">由调查小组现场认定，并拍照记录相关信息</td></tr>
</table>

古树名木每木调查表

古树编号	44031000600300146（原编号：02080074）		
树种	中文名：榕树		
	拉丁名：*Ficus microcarpa* L.f.　科：桑科　属：榕属		
位置	乡（镇、街道）：龙田　村委会（居委会）：竹坑　小地名：茜坑村，大王爷庙		
	生长场所：①乡村√ ②城区		
	经度（WGS84 坐标系）：114.403282	纬度（WGS84 坐标系）：22.713755	
特点	①散生√ ②群状	权属	①国有 ②集体√ ③个人 ④其他
树龄	估测树龄：150 年		
古树等级	①一级 ②二级 ③三级√	树高：11 m	胸围：385 cm
冠幅	平均：13.5 m	东西：16 m	南北：11 m
生长势	①正常株√ ②衰弱 ③濒危 ④死亡	生长环境	①好√ ②中 ③差
影响生长环境因素	香火旺盛，村民捐款建成大王爷庙，有粉蚧，板根明显。铺了水泥地，枯枝断枝		
管护单位	龙田街道办事处	管护人	龙田街道办事处工作人员
树种鉴定记载	由调查小组现场认定，并拍照记录相关信息		

古树名木每木调查表

<table>
<tr><td>古树编号</td><td colspan="5">44031000600300147（原编号：02080075）</td></tr>
<tr><td rowspan="2">树种</td><td colspan="5">中文名：龙眼</td></tr>
<tr><td colspan="5">拉丁名：Dimocarpus longana Lour.　科：无患子科　属：龙眼属</td></tr>
<tr><td rowspan="3">位置</td><td colspan="5">乡（镇、街道）：龙田　村委会（居委会）：竹坑　小地名：三栋村，东兴饭店后，金竹路262号进去右拐</td></tr>
<tr><td colspan="5">生长场所：①乡村√ ②城区</td></tr>
<tr><td colspan="3">经度（WGS84坐标系）：114.378493</td><td colspan="2">纬度（WGS84坐标系）：22.714833</td></tr>
<tr><td>特点</td><td colspan="2">①散生√ ②群状</td><td>权属</td><td colspan="2">①国有 ②集体√ ③个人 ④其他</td></tr>
<tr><td>树龄</td><td colspan="5">估测树龄：150年</td></tr>
<tr><td>古树等级</td><td>①一级 ②二级 ③三级√</td><td colspan="3">树高：12 m</td><td>胸围：360 cm</td></tr>
<tr><td>冠幅</td><td>平均：11 m</td><td colspan="3">东西：13 m</td><td>南北：9 m</td></tr>
<tr><td>生长势</td><td colspan="3">①正常株√ ②衰弱 ③濒危 ④死亡</td><td>生长环境</td><td>①好√ ②中 ③差</td></tr>
<tr><td>影响生长环境因素</td><td colspan="5">枯枝，有白蚁，有薜荔</td></tr>
<tr><td>管护单位</td><td colspan="3">龙田街道办事处</td><td>管护人</td><td>龙田街道办事处工作人员</td></tr>
<tr><td>树种鉴定记载</td><td colspan="5">由调查小组现场认定，并拍照记录相关信息</td></tr>
</table>

7.4 马峦街道

古树名木每木调查表

古树编号	44031000200300113（原编号：02080038）		
树种	中文名：榕树		
	拉丁名：*Ficus microcarpa* L. f.　科：桑科　属：榕属		
位置	乡（镇、街道）：马峦　村委会（居委会）：江岭　小地名：江边村		
	生长场所：①乡村√ ②城区		
	经度（WGS84 坐标系）：114.348627		纬度（WGS84 坐标系）：22.682487
特点	①散生√ ②群状	权属	①国有 ②集体√ ③个人 ④其他
树龄	估测树龄：120 年		
古树等级	①一级 ②二级 ③三级√	树高：13 m	胸围：433 cm
冠幅	平均：18.5 m	东西：18 m	南北：19 m
生长势	①正常株√ ②衰弱 ③濒危 ④死亡	生长环境	①好 ②中√ ③差
影响生长环境因素	枯枝较多		
管护单位	马峦街道办事处	管护人	马峦街道办事处工作人员
树种鉴定记载	由调查小组现场认定，并拍照记录相关信息		

古树名木每木调查表

<table>
<tr><td>古树编号</td><td colspan="5">44031000200300114（原编号：02080050）</td></tr>
<tr><td rowspan="2">树种</td><td colspan="5">中文名：榕树</td></tr>
<tr><td colspan="5">拉丁名：Ficus microcarpa L. f.　科：桑科　属：榕属</td></tr>
<tr><td rowspan="3">位置</td><td colspan="5">乡（镇、街道）：马峦　村委会（居委会）：江岭　小地名：长守村 27 号旁</td></tr>
<tr><td colspan="5">生长场所：①乡村√ ②城区</td></tr>
<tr><td colspan="3">经度（WGS84 坐标系）：114.363576</td><td colspan="2">纬度（WGS84 坐标系）：22.667378</td></tr>
<tr><td>特点</td><td colspan="2">①散生√ ②群状</td><td>权属</td><td colspan="2">①国有 ②集体 ③个人 ④其他√</td></tr>
<tr><td>树龄</td><td colspan="5">估测树龄：100 年</td></tr>
<tr><td>古树等级</td><td>①一级 ②二级 ③三级√</td><td colspan="3">树高：16 m</td><td>胸围：405 cm</td></tr>
<tr><td>冠幅</td><td>平均：22 m</td><td colspan="3">东西：22 m</td><td>南北：22 m</td></tr>
<tr><td>生长势</td><td colspan="3">①正常株√ ②衰弱 ③濒危 ④死亡</td><td>生长环境</td><td>①好√ ②中 ③差</td></tr>
<tr><td>影响生长环境因素</td><td colspan="5">粉蚧，断枝，无树池</td></tr>
<tr><td>管护单位</td><td colspan="3">马峦街道办事处</td><td>管护人</td><td>马峦街道办事处工作人员</td></tr>
<tr><td>树种鉴定记载</td><td colspan="5">由调查小组现场认定，并拍照记录相关信息</td></tr>
</table>

古树名木每木调查表

古树编号	44031000200300115（原编号：02080051）				
树种	中文名：龙眼				
	拉丁名：*Dimocarpus longana* Lour.　科：无患子科　属：龙眼属				
位置	乡（镇、街道）：马峦　村委会（居委会）：江岭　小地名：长守村 36-2 号				
	生长场所：①乡村√ ②城区				
	经度（WGS84 坐标系）：114.364739			纬度（WGS84 坐标系）：22.666208	
特点	①散生√ ②群状		权属	①国有 ②集体 ③个人√ ④其他	
树龄	估测树龄：150 年				
古树等级	①一级 ②二级 ③三级√	树高：10 m			胸围：276 cm
冠幅	平均：8.5 m	东西：8 m			南北：9 m
生长势	①正常株 ②衰弱√ ③濒危 ④死亡			生长环境	①好 ②中 ③差√
影响生长环境因素	粉蚧，枯枝，无树池				
管护单位	马峦街道办事处			管护人	马峦街道办事处工作人员
树种鉴定记载	由调查小组现场认定，并拍照记录相关信息				

古树名木每木调查表

古树编号	44031000200300116（原编号：02080052）				
树种	中文名：龙眼				
	拉丁名：*Dimocarpus longana* Lour.　科：无患子科　属：龙眼属				
位置	乡（镇、街道）：马峦　村委会（居委会）：江岭　小地名：长守村 36-2 号				
	生长场所：①乡村√ ②城区				
	经度（WGS84 坐标系）：114.364811			纬度（WGS84 坐标系）：22.666379	
特点	①散生√ ②群状		权属	①国有 ②集体√ ③个人 ④其他	
树龄	估测树龄：150 年				
古树等级	①一级 ②二级 ③三级√	树高：18 m			胸围：226 cm
冠幅	平均：11 m	东西：12 m			南北：10 m
生长势	①正常株√ ②衰弱 ③濒危 ④死亡			生长环境	①好 ②中√ ③差
影响生长环境因素	粉蚧，枯枝，断枝，无树池				
管护单位	马峦街道办事处			管护人	马峦街道办事处工作人员
树种鉴定记载	由调查小组现场认定，并拍照记录相关信息				

古树名木每木调查表

<table>
<tr><td>古树编号</td><td colspan="5">44031000200300117（原编号：02080053）</td></tr>
<tr><td rowspan="2">树种</td><td colspan="5">中文名：龙眼</td></tr>
<tr><td colspan="5">拉丁名：Dimocarpus longana Lour.　科：无患子科　属：龙眼属</td></tr>
<tr><td rowspan="3">位置</td><td colspan="5">乡（镇、街道）：马峦　村委会（居委会）：江岭　小地名：长守村 36-2 号</td></tr>
<tr><td colspan="5">生长场所：①乡村√ ②城区</td></tr>
<tr><td colspan="3">经度（WGS84 坐标系）：114.364921</td><td colspan="2">纬度（WGS84 坐标系）：22.666356</td></tr>
<tr><td>特点</td><td colspan="2">①散生√ ②群状</td><td>权属</td><td colspan="2">①国有 ②集体 ③个人√ ④其他</td></tr>
<tr><td>树龄</td><td colspan="5">估测树龄：100 年</td></tr>
<tr><td>古树等级</td><td>①一级 ②二级 ③三级√</td><td colspan="3">树高：17 m</td><td>胸围：180 cm</td></tr>
<tr><td>冠幅</td><td>平均：8.5 m</td><td colspan="3">东西：9 m</td><td>南北：8 m</td></tr>
<tr><td>生长势</td><td colspan="3">①正常株√ ②衰弱 ③濒危 ④死亡</td><td>生长环境</td><td>①好 ②中√ ③差</td></tr>
<tr><td>影响生长环境因素</td><td colspan="5">粉蚧，枯枝，断枝，无树池</td></tr>
<tr><td>管护单位</td><td colspan="3">马峦街道办事处</td><td>管护人</td><td>马峦街道办事处工作人员</td></tr>
<tr><td>树种鉴定记载</td><td colspan="5">由调查小组现场认定，并拍照记录相关信息</td></tr>
</table>

古树名木每木调查表

古树编号	44031000200300118（原编号：02080054）			
树种	中文名：龙眼			
	拉丁名：*Dimocarpus longana* Lour.　科：无患子科　属：龙眼属			
位置	乡（镇、街道）：马峦　村委会（居委会）：江岭　小地名：长守村 36-2 号			
	生长场所：①乡村√ ②城区			
	经度（WGS84 坐标系）：114.365044		纬度（WGS84 坐标系）：22.666318	
特点	①散生√ ②群状	权属	①国有 ②集体 ③个人√ ④其他	
树龄	估测树龄：110 年			
古树等级	①一级 ②二级 ③三级√	树高：13 m	胸围：250 cm	
冠幅	平均：12 m	东西：12 m	南北：12 m	
生长势	①正常株√ ②衰弱 ③濒危 ④死亡	生长环境	①好 ②中√ ③差	
影响生长环境因素	粉蚧，枯枝，断枝，无树池			
管护单位	马峦街道办事处	管护人	马峦街道办事处工作人员	
树种鉴定记载	由调查小组现场认定，并拍照记录相关信息			

古树名木每木调查表

<table>
<tr><td>古树编号</td><td colspan="5">44031000200400127（原编号：02080063）</td></tr>
<tr><td rowspan="2">树种</td><td colspan="5">中文名：龙眼</td></tr>
<tr><td colspan="5">拉丁名：Dimocarpus longana Lour.　科：无患子科　属：龙眼属</td></tr>
<tr><td rowspan="3">位置</td><td colspan="5">乡（镇、街道）：马峦　村委会（居委会）：马峦　小地名：红花岭村</td></tr>
<tr><td colspan="5">生长场所：①乡村√ ②城区</td></tr>
<tr><td colspan="3">经度（WGS84 坐标系）：114.348585</td><td colspan="2">纬度（WGS84 坐标系）：22.643250</td></tr>
<tr><td>特点</td><td colspan="2">①散生√ ②群状</td><td>权属</td><td colspan="2">①国有 ②集体 ③个人√ ④其他</td></tr>
<tr><td>树龄</td><td colspan="5">估测树龄：150 年</td></tr>
<tr><td>古树等级</td><td>①一级 ②二级 ③三级√</td><td colspan="3">树高：17 m</td><td>胸围：224 cm</td></tr>
<tr><td>冠幅</td><td>平均：9.5 m</td><td colspan="3">东西：10 m</td><td>南北：9 m</td></tr>
<tr><td>生长势</td><td colspan="3">①正常株√ ②衰弱 ③濒危 ④死亡</td><td>生长环境</td><td>①好√ ②中 ③差</td></tr>
<tr><td>影响生长环境因素</td><td colspan="5">断枝，枯枝</td></tr>
<tr><td>管护单位</td><td colspan="3">马峦街道办事处</td><td>管护人</td><td>马峦街道办事处工作人员</td></tr>
<tr><td>树种鉴定记载</td><td colspan="5">由调查小组现场认定，并拍照记录相关信息</td></tr>
</table>

古树名木每木调查表

古树编号	44031000200400126（原编号：02080062 ）			
树种	中文名：人面子			
	拉丁名：*Dracontomelon duperreanum* Pierre.　科：漆树科　属：人面子属			
位置	乡（镇、街道）：马峦　村委会（居委会）：马峦　小地名：红花岭村			
	生长场所：①乡村√ ②城区			
	经度（WGS84 坐标系）：114.348524		纬度（WGS84 坐标系）：22.643112	
特点	①散生√ ②群状	权属	①国有 ②集体√ ③个人 ④其他	
树龄	估测树龄：130 年			
古树等级	①一级 ②二级 ③三级√	树高：20 m		胸围：308 cm
冠幅	平均：14.5 m	东西：15 m		南北：14 m
生长势	①正常株√ ②衰弱 ③濒危 ④死亡		生长环境	①好√ ②中 ③差
影响生长环境因素	枯枝，无树池			
管护单位	马峦街道办事处		管护人	马峦街道办事处工作人员
树种鉴定记载	由调查小组现场认定，并拍照记录相关信息			

古树名木每木调查表

<table>
<tr><td>古树编号</td><td colspan="5">44031000200400128（原编号：02080064 ）</td></tr>
<tr><td rowspan="2">树种</td><td colspan="5">中文名：樟树</td></tr>
<tr><td colspan="5">拉丁名：Cinnamomum camphora (L.) J.Presl.　科：樟科　属：樟属</td></tr>
<tr><td rowspan="3">位置</td><td colspan="5">乡（镇、街道）：马峦　村委会（居委会）：马峦　小地名：红花岭村</td></tr>
<tr><td colspan="5">生长场所：①乡村√ ②城区</td></tr>
<tr><td colspan="3">经度（WGS84 坐标系）：114.348593</td><td colspan="2">纬度（WGS84 坐标系）：22.643303</td></tr>
<tr><td>特点</td><td colspan="2">①散生√ ②群状</td><td>权属</td><td colspan="2">①国有 ②集体 ③个人√ ④其他</td></tr>
<tr><td>树龄</td><td colspan="5">估测树龄：150 年</td></tr>
<tr><td>古树等级</td><td>①一级 ②二级 ③三级√</td><td colspan="3">树高：16 m</td><td>胸围：304 cm</td></tr>
<tr><td>冠幅</td><td>平均：12 m</td><td colspan="3">东西：12 m</td><td>南北：12 m</td></tr>
<tr><td>生长势</td><td colspan="3">①正常株 ②衰弱√ ③濒危 ④死亡</td><td>生长环境</td><td>①好 ②中 ③差√</td></tr>
<tr><td>影响生长环境因素</td><td colspan="5">白蚁，枯枝，断枝</td></tr>
<tr><td>管护单位</td><td colspan="3">马峦街道办事处</td><td>管护人</td><td>马峦街道办事处工作人员</td></tr>
<tr><td>树种鉴定记载</td><td colspan="5">由调查小组现场认定，并拍照记录相关信息</td></tr>
</table>

古树名木每木调查表

古树编号	44031000200400125（原编号：02080061）				
树种	中文名：樟树				
	拉丁名：*Cinnamomum camphora* (L.) J.Presl.　科：樟科　属：樟属				
位置	乡（镇、街道）：马峦　村委会（居委会）：马峦　小地名：建和村，张屋				
	生长场所：①乡村√ ②城区				
	经度（WGS84 坐标系）：114.328333			纬度（WGS84 坐标系）：22.638171	
特点	①散生√ ②群状		权属	①国有 ②集体√ ③个人 ④其他	
树龄	估测树龄：150 年				
古树等级	①一级 ②二级 ③三级√	树高：14 m			胸围：277 cm
冠幅	平均：14.85 m	东西：15.7 m			南北：14 m
生长势	①正常株 ②衰弱√ ③濒危 ④死亡			生长环境	①好 ②中 ③差√
影响生长环境因素	粉蚧，白蚁，枯枝，断枝，基部大树洞				
管护单位	马峦街道办事处			管护人	马峦街道办事处工作人员
树种鉴定记载	由调查小组现场认定，并拍照记录相关信息				

古树名木每木调查表

古树编号	44031000200400120（原编号：02080056）				
树种	中文名：樟树				
	拉丁名：*Cinnamomum camphora* (L.) J.Presl.　科：樟科　属：樟属				
位置	乡（镇、街道）：马峦　村委会（居委会）：马峦　小地名：径子村				
	生长场所：①乡村√ ②城区				
	经度（WGS84 坐标系）：114.310206			纬度（WGS84 坐标系）：22.644052	
特点	①散生√ ②群状		权属	①国有 ②集体√ ③个人 ④其他	
树龄	估测树龄：120 年				
古树等级	①一级 ②二级 ③三级√	树高：20 m			胸围：411 cm
冠幅	平均：20 m	东西：20 m			南北：20 m
生长势	①正常株 ②衰弱√ ③濒危 ④死亡			生长环境	①好 ②中 ③差√
影响生长环境因素	白蚁，粉蚧，枯枝，断枝				
管护单位	马峦街道办事处			管护人	马峦街道办事处工作人员
树种鉴定记载	由调查小组现场认定，并拍照记录相关信息				

古树名木每木调查表

<table>
<tr><td>古树编号</td><td colspan="5">44031000200400122（原编号：02080058）</td></tr>
<tr><td rowspan="2">树种</td><td colspan="5">中文名：樟树</td></tr>
<tr><td colspan="5">拉丁名：Cinnamomum camphora (L.) J.Presl.　科：樟科　属：樟属</td></tr>
<tr><td rowspan="3">位置</td><td colspan="5">乡（镇、街道）：马峦　村委会（居委会）：马峦　小地名：径子村</td></tr>
<tr><td colspan="5">生长场所：①乡村√ ②城区</td></tr>
<tr><td colspan="3">经度（WGS84 坐标系）：114.310190</td><td colspan="2">纬度（WGS84 坐标系）：22.643995</td></tr>
<tr><td>特点</td><td colspan="2">①散生√ ②群状</td><td>权属</td><td colspan="2">①国有 ②集体√ ③个人 ④其他</td></tr>
<tr><td>树龄</td><td colspan="5">估测树龄：120 年</td></tr>
<tr><td>古树等级</td><td>①一级 ②二级 ③三级√</td><td colspan="3">树高：20 m</td><td>胸围：361 cm</td></tr>
<tr><td>冠幅</td><td>平均：17.5 m</td><td colspan="3">东西：17 m</td><td>南北：18 m</td></tr>
<tr><td>生长势</td><td colspan="3">①正常株√ ②衰弱 ③濒危 ④死亡</td><td>生长环境</td><td>①好 ②中√ ③差</td></tr>
<tr><td>影响生长环境因素</td><td colspan="5">白蚁，枯枝，断枝</td></tr>
<tr><td>管护单位</td><td colspan="3">马峦街道办事处</td><td>管护人</td><td>马峦街道办事处工作人员</td></tr>
<tr><td>树种鉴定记载</td><td colspan="5">由调查小组现场认定，并拍照记录相关信息</td></tr>
</table>

古树名木每木调查表

<table>
<tr><td>古树编号</td><td colspan="5">44031000200400123（原编号：02080059）</td></tr>
<tr><td rowspan="2">树种</td><td colspan="5">中文名：龙眼</td></tr>
<tr><td colspan="5">拉丁名：Dimocarpus longana Lour.　科：无患子科　属：龙眼属</td></tr>
<tr><td rowspan="3">位置</td><td colspan="5">乡（镇、街道）：马峦　村委会（居委会）：马峦　小地名：新民村</td></tr>
<tr><td colspan="5">生长场所：①乡村√ ②城区</td></tr>
<tr><td colspan="3">经度（WGS84 坐标系）：114.327535</td><td colspan="2">纬度（WGS84 坐标系）：22.640119</td></tr>
<tr><td>特点</td><td colspan="2">①散生√ ②群状</td><td>权属</td><td colspan="2">①国有 ②集体√ ③个人 ④其他</td></tr>
<tr><td>树龄</td><td colspan="5">估测树龄：180 年</td></tr>
<tr><td>古树等级</td><td>①一级 ②二级 ③三级√</td><td colspan="3">树高：13 m</td><td>胸围：172 cm</td></tr>
<tr><td>冠幅</td><td>平均：9.5 m</td><td colspan="3">东西：9 m</td><td>南北：10 m</td></tr>
<tr><td>生长势</td><td colspan="3">①正常株 ②衰弱√ ③濒危 ④死亡</td><td>生长环境</td><td>①好 ②中 ③差√</td></tr>
<tr><td>影响生长环境因素</td><td colspan="5">枯枝，断枝，蜂窝</td></tr>
<tr><td>管护单位</td><td colspan="3">马峦街道办事处</td><td>管护人</td><td>马峦街道办事处工作人员</td></tr>
<tr><td>树种鉴定记载</td><td colspan="5">由调查小组现场认定，并拍照记录相关信息</td></tr>
</table>

古树名木每木调查表

<table>
<tr><th>古树编号</th><th colspan="5">44031000200400124（原编号：02080060）</th></tr>
<tr><td rowspan="2">树种</td><td colspan="5">中文名：龙眼</td></tr>
<tr><td colspan="5">拉丁名：Dimocarpus longana Lour.　科：无患子科　属：龙眼属</td></tr>
<tr><td rowspan="3">位置</td><td colspan="5">乡（镇、街道）：马峦　村委会（居委会）：马峦　小地名：新民村，马峦老村委旁</td></tr>
<tr><td colspan="5">生长场所：①乡村√ ②城区</td></tr>
<tr><td colspan="3">经度（WGS84 坐标系）：114.329040</td><td colspan="2">纬度（WGS84 坐标系）：22.639022</td></tr>
<tr><td>特点</td><td colspan="2">①散生√ ②群状</td><td>权属</td><td colspan="2">①国有 ②集体√ ③个人 ④其他</td></tr>
<tr><td>树龄</td><td colspan="5">估测树龄：150 年</td></tr>
<tr><td>古树等级</td><td>①一级 ②二级 ③三级√</td><td colspan="3">树高：14 m</td><td>胸围：193 cm</td></tr>
<tr><td>冠幅</td><td>平均：8.85 m</td><td colspan="3">东西：9 m</td><td>南北：8.7 m</td></tr>
<tr><td>生长势</td><td colspan="3">①正常株 ②衰弱√ ③濒危 ④死亡</td><td>生长环境</td><td>①好 ②中 ③差√</td></tr>
<tr><td>影响生长环境因素</td><td colspan="5">枯枝，断枝</td></tr>
<tr><td>管护单位</td><td colspan="3">马峦街道办事处</td><td>管护人</td><td>马峦街道办事处工作人员</td></tr>
<tr><td>树种鉴定记载</td><td colspan="5">由调查小组现场认定，并拍照记录相关信息</td></tr>
</table>

古树名木每木调查表

<table>
<tr><td>古树编号</td><td colspan="5">44031000200100111（原编号：02080036）</td></tr>
<tr><td rowspan="2">树种</td><td colspan="5">中文名：榕树</td></tr>
<tr><td colspan="5">拉丁名：Ficus microcarpa L. f.　科：桑科　属：榕属</td></tr>
<tr><td rowspan="3">位置</td><td colspan="5">乡（镇、街道）：马峦　村委会（居委会）：坪环　小地名：黄沙坑村，坪兴三巷</td></tr>
<tr><td colspan="5">生长场所：①乡村√ ②城区</td></tr>
<tr><td colspan="3">经度（WGS84 坐标系）：114.366007</td><td colspan="2">纬度（WGS84 坐标系）：22.677347</td></tr>
<tr><td>特点</td><td colspan="2">①散生√ ②群状</td><td>权属</td><td colspan="2">①国有 ②集体√ ③个人 ④其他</td></tr>
<tr><td>树龄</td><td colspan="5">估测树龄：130 年</td></tr>
<tr><td>古树等级</td><td>①一级 ②二级 ③三级√</td><td colspan="3">树高：12.5 m</td><td>胸围：519 cm</td></tr>
<tr><td>冠幅</td><td>平均：26 m</td><td colspan="3">东西：25 m</td><td>南北：27 m</td></tr>
<tr><td>生长势</td><td colspan="3">①正常株√ ②衰弱 ③濒危 ④死亡</td><td>生长环境</td><td>①好 ②中√ ③差</td></tr>
<tr><td>影响生长环境因素</td><td colspan="5">被截枝</td></tr>
<tr><td>管护单位</td><td colspan="3">马峦街道办事处</td><td>管护人</td><td>马峦街道办事处工作人员</td></tr>
<tr><td>树种鉴定记载</td><td colspan="5">由调查小组现场认定，并拍照记录相关信息</td></tr>
</table>

古树名木每木调查表

<table>
<tr><td>古树编号</td><td colspan="5">44031000200200112（原编号：02080037）</td></tr>
<tr><td rowspan="2">树种</td><td colspan="5">中文名：榕树</td></tr>
<tr><td colspan="5">拉丁名：Ficus microcarpa L. f.　科：桑科　属：榕属</td></tr>
<tr><td rowspan="3">位置</td><td colspan="5">乡（镇、街道）：马峦　村委会（居委会）：沙莹　小地名：谷仓吓村，比亚迪路北侧（比亚迪厂对面）</td></tr>
<tr><td colspan="5">生长场所：①乡村√ ②城区</td></tr>
<tr><td colspan="3">经度（WGS84 坐标系）：114.360194</td><td colspan="2">纬度（WGS84 坐标系）：22.683933</td></tr>
<tr><td>特点</td><td colspan="2">①散生√ ②群状</td><td>权属</td><td colspan="2">①国有 ②集体√ ③个人 ④其他</td></tr>
<tr><td>树龄</td><td colspan="5">估测树龄：120 年</td></tr>
<tr><td>古树等级</td><td>①一级 ②二级 ③三级√</td><td colspan="3">树高：14 m</td><td>胸围：476 cm</td></tr>
<tr><td>冠幅</td><td>平均：25 m</td><td colspan="3">东西：25 m</td><td>南北：25 m</td></tr>
<tr><td>生长势</td><td colspan="3">①正常株√ ②衰弱 ③濒危 ④死亡</td><td>生长环境</td><td>①好 ②中√ ③差</td></tr>
<tr><td>影响生长环境因素</td><td colspan="5">树下堆满垃圾</td></tr>
<tr><td>管护单位</td><td colspan="3">马峦街道办事处</td><td>管护人</td><td>马峦街道办事处工作人员</td></tr>
<tr><td>树种鉴定记载</td><td colspan="5">由调查小组现场认定，并拍照记录相关信息</td></tr>
</table>

7.5 坪山街道

古树名木每木调查表

<table>
<tr><th>古树编号</th><th colspan="5">44031000100300001（原编号：02080001）</th></tr>
<tr><td rowspan="2">树种</td><td colspan="5">中文名：榕树</td></tr>
<tr><td colspan="5">拉丁名：Ficus microcarpa L. f.　科：桑科　属：榕属</td></tr>
<tr><td rowspan="3">位置</td><td colspan="5">乡（镇、街道）：坪山　村委会（居委会）：和平　小地名：马东村，立新西路 75 号对面</td></tr>
<tr><td colspan="5">生长场所：①乡村√ ②城区</td></tr>
<tr><td colspan="3">经度（WGS84 坐标系）：114.345468</td><td colspan="2">纬度（WGS84 坐标系）：22.693970</td></tr>
<tr><td>特点</td><td colspan="2">①散生√ ②群状</td><td>权属</td><td colspan="2">①国有 ②集体√ ③个人 ④其他</td></tr>
<tr><td>树龄</td><td colspan="5">估测树龄：210 年</td></tr>
<tr><td>古树等级</td><td>①一级 ②二级 ③三级√</td><td colspan="3">树高：14.5 m</td><td>胸围：629 cm</td></tr>
<tr><td>冠幅</td><td>平均：25 m</td><td colspan="3">东西：25 m</td><td>南北：25 m</td></tr>
<tr><td>生长势</td><td colspan="3">①正常株 ②衰弱√ ③濒危 ④死亡</td><td>生长环境</td><td>①好 ②中√ ③差</td></tr>
<tr><td>影响生长环境因素</td><td colspan="5">树下香火旺盛，有断枝和枯枝</td></tr>
<tr><td>管护单位</td><td colspan="3">坪山街道办事处</td><td>管护人</td><td>坪山街道办事处工作人员</td></tr>
<tr><td>树种鉴定记载</td><td colspan="5">由调查小组现场认定，并拍照记录相关信息</td></tr>
</table>

古树名木每木调查表

古树编号	44031000100300002（原编号：02080002）			
树种	中文名：榕树			
	拉丁名：*Ficus microcarpa* L. f.　科：桑科　属：榕属			
位置	乡（镇、街道）：坪山　村委会（居委会）：和平　小地名：马东村，立新西路 75 号对面			
	生长场所：①乡村√ ②城区			
	经度（WGS84 坐标系）：114.345407		纬度（WGS84 坐标系）：22.693958	
特点	①散生√ ②群状	权属	①国有 ②集体√ ③个人 ④其他	
树龄	估测树龄：110 年			
古树等级	①一级 ②二级 ③三级√	树高：12 m		胸围：197 cm
冠幅	平均：11 m	东西：12 m		南北：10 m
生长势	①正常株√ ②衰弱 ③濒危 ④死亡		生长环境	①好 ②中√ ③差
影响生长环境因素	树下香火旺盛			
管护单位	坪山街道办事处		管护人	坪山街道办事处工作人员
树种鉴定记载	由调查小组现场认定，并拍照记录相关信息			

古树名木每木调查表

古树编号	44031000100300016（原编号：02080016）			
树种	中文名：榕树			
	拉丁名：*Ficus microcarpa* L. f.　科：桑科　属：榕属			
位置	乡（镇、街道）：坪山　村委会（居委会）：和平　小地名：马西垃圾转运站北侧（靠近停车场）			
	生长场所：①乡村√ ②城区			
	经度（WGS84 坐标系）：114.343104		纬度（WGS84 坐标系）：22.693088	
特点	①散生√ ②群状	权属	①国有 ②集体√ ③个人 ④其他	
树龄	估测树龄：140 年			
古树等级	①一级 ②二级 ③三级√	树高：13 m		胸围：575 cm
冠幅	平均：17.5 m	东西：15 m		南北：20 m
生长势	①正常株√ ②衰弱 ③濒危 ④死亡		生长环境	①好 ②中√ ③差
影响生长环境因素	树下香火旺盛，有断枝和枯枝			
管护单位	坪山街道办事处		管护人	坪山街道办事处工作人员
树种鉴定记载	由调查小组现场认定，并拍照记录相关信息			

古树名木每木调查表

<table>
<tr><th>古树编号</th><th colspan="5">44031000100300017（原编号：02080017 ）</th></tr>
<tr><td rowspan="2">树种</td><td colspan="5">中文名：榕树</td></tr>
<tr><td colspan="5">拉丁名：Ficus microcarpa L. f.　科：桑科　　属：榕属</td></tr>
<tr><td rowspan="3">位置</td><td colspan="5">乡（镇、街道）：坪山　　村委会（居委会）：和平　　小地名：马西垃圾转运站南侧</td></tr>
<tr><td colspan="5">生长场所：①乡村√ ②城区</td></tr>
<tr><td colspan="3">经度（WGS84 坐标系）：114.343281</td><td colspan="2">纬度（WGS84 坐标系）：22.693013</td></tr>
<tr><td>特点</td><td colspan="2">①散生√ ②群状</td><td>权属</td><td colspan="2">①国有 ②集体√ ③个人 ④其他</td></tr>
<tr><td>树龄</td><td colspan="5">估测树龄：110 年</td></tr>
<tr><td>古树等级</td><td>①一级 ②二级 ③三级√</td><td colspan="3">树高：12 m</td><td>胸围：360 cm</td></tr>
<tr><td>冠幅</td><td>平均：16 m</td><td colspan="3">东西：20 m</td><td>南北：12 m</td></tr>
<tr><td>生长势</td><td colspan="3">①正常株√ ②衰弱 ③濒危 ④死亡</td><td>生长环境</td><td>①好√ ②中 ③差</td></tr>
<tr><td>影响生长环境因素</td><td colspan="5">有断枝和枯枝</td></tr>
<tr><td>管护单位</td><td colspan="3">坪山街道办事处</td><td>管护人</td><td>坪山街道办事处工作人员</td></tr>
<tr><td>树种鉴定记载</td><td colspan="5">由调查小组现场认定，并拍照记录相关信息</td></tr>
</table>

古树名木每木调查表

古树编号	44031000100300031（原编号：02080156）		
树种	中文名：榕树		
	拉丁名：*Ficus microcarpa* L. f.　科：桑科　属：榕属		
位置	乡（镇、街道）：坪山　村委会（居委会）：和平　小地名：桥西路23号门前（名人宾馆后侧）		
	生长场所：①乡村√ ②城区		
	经度（WGS84坐标系）：114.338591	纬度（WGS84坐标系）：22.692672	
特点	①散生√ ②群状	权属	①国有 ②集体√ ③个人 ④其他
树龄	估测树龄：120年		
古树等级	①一级 ②二级 ③三级√	树高：16 m	胸围：533 cm
冠幅	平均：12 m	东西：13 m	南北：11 m
生长势	①正常株√ ②衰弱 ③濒危 ④死亡	生长环境	①好 ②中√ ③差
影响生长环境因素	绿萝缠绕		
管护单位	坪山街道办事处	管护人	坪山街道办事处工作人员
树种鉴定记载	由调查小组现场认定，并拍照记录相关信息		

古树名木每木调查表

<table>
<tr><th>古树编号</th><th colspan="5">44031000100100033（原编号：02080158）</th></tr>
<tr><td rowspan="2">树种</td><td colspan="5">中文名：水翁</td></tr>
<tr><td colspan="5">拉丁名：Cleistocalyx operculatus (Roxb.) Merr. et L. M. Perry　科：桃金娘科　属：水翁属</td></tr>
<tr><td rowspan="3">位置</td><td colspan="5">乡（镇、街道）：坪山　村委会（居委会）：六和　小地名：飞西村，西北侧入口（单独一株）</td></tr>
<tr><td colspan="5">生长场所：①乡村√ ②城区</td></tr>
<tr><td colspan="3">经度（WGS84 坐标系）：114.337063</td><td colspan="2">纬度（WGS84 坐标系）：22.697248</td></tr>
<tr><td>特点</td><td colspan="2">①散生√ ②群状</td><td>权属</td><td colspan="2">①国有 ②集体√ ③个人 ④其他</td></tr>
<tr><td>树龄</td><td colspan="5">估测树龄：130 年</td></tr>
<tr><td>古树等级</td><td>①一级 ②二级 ③三级√</td><td colspan="3">树高：11 m</td><td>胸围：313 cm（基部分叉）</td></tr>
<tr><td>冠幅</td><td>平均：9 m</td><td colspan="3">东西：8 m</td><td>南北：10 m</td></tr>
<tr><td>生长势</td><td colspan="3">①正常株√ ②衰弱 ③濒危 ④死亡</td><td>生长环境</td><td>①好√ ②中 ③差</td></tr>
<tr><td>影响生长环境因素</td><td colspan="5">绿萝缠绕</td></tr>
<tr><td>管护单位</td><td colspan="3">坪山街道办事处</td><td>管护人</td><td>坪山街道办事处工作人员</td></tr>
<tr><td>树种鉴定记载</td><td colspan="5">由调查小组现场认定，并拍照记录相关信息</td></tr>
</table>

古树名木每木调查表

<table>
<tr><th>古树编号</th><th colspan="5">44031000100100034（原编号：02080159）</th></tr>
<tr><td rowspan="2">树种</td><td colspan="5">中文名：水翁</td></tr>
<tr><td colspan="5">拉丁名：Cleistocalyx operculatus (Roxb.) Merr. et L. M. Perry　科：桃金娘科　属：水翁属</td></tr>
<tr><td rowspan="3">位置</td><td colspan="5">乡（镇、街道）：坪山　村委会（居委会）：六和　小地名：飞西村，西北侧入口（三株中的右侧株）</td></tr>
<tr><td colspan="5">生长场所：①乡村√ ②城区</td></tr>
<tr><td colspan="3">经度（WGS84 坐标系）：114.337195</td><td colspan="2">纬度（WGS84 坐标系）：22.697343</td></tr>
<tr><td>特点</td><td colspan="2">①散生 ②群状√</td><td>权属</td><td colspan="2">①国有 ②集体√ ③个人 ④其他</td></tr>
<tr><td>树龄</td><td colspan="5">估测树龄：130 年</td></tr>
<tr><td>古树等级</td><td>①一级 ②二级 ③三级√</td><td colspan="3">树高：12 m</td><td>胸围：175 cm</td></tr>
<tr><td>冠幅</td><td>平均：8.5 m</td><td colspan="3">东西：9 m</td><td>南北：8 m</td></tr>
<tr><td>生长势</td><td colspan="3">①正常株√ ②衰弱 ③濒危 ④死亡</td><td>生长环境</td><td>①好 ②中√ ③差</td></tr>
<tr><td>影响生长环境因素</td><td colspan="5">绿萝缠绕</td></tr>
<tr><td>管护单位</td><td colspan="3">坪山街道办事处</td><td>管护人</td><td>坪山街道办事处工作人员</td></tr>
<tr><td>树种鉴定记载</td><td colspan="5">由调查小组现场认定，并拍照记录相关信息</td></tr>
</table>

古树名木每木调查表

<table>
<tr><td>古树编号</td><td colspan="5">44031000100100035（原编号：02080160）</td></tr>
<tr><td rowspan="2">树种</td><td colspan="5">中文名：水翁</td></tr>
<tr><td colspan="5">拉丁名：Cleistocalyx operculatus (Roxb.) Merr. et L. M. Perry　科：桃金娘科　属：水翁属</td></tr>
<tr><td rowspan="3">位置</td><td colspan="5">乡（镇、街道）：坪山　村委会（居委会）：六和　小地名：飞西村，西北侧入口（三株中的中间株）</td></tr>
<tr><td colspan="5">生长场所：①乡村√ ②城区</td></tr>
<tr><td colspan="3">经度（WGS84 坐标系）：114.337187</td><td colspan="2">纬度（WGS84 坐标系）：22.697316</td></tr>
<tr><td>特点</td><td colspan="2">①散生 ②群状√</td><td>权属</td><td colspan="2">①国有 ②集体√ ③个人 ④其他</td></tr>
<tr><td>树龄</td><td colspan="5">估测树龄：130 年</td></tr>
<tr><td>古树等级</td><td>①一级 ②二级 ③三级√</td><td colspan="3">树高：10 m</td><td>胸围：170 cm</td></tr>
<tr><td>冠幅</td><td>平均：8.5 m</td><td colspan="3">东西：9 m</td><td>南北：8 m</td></tr>
<tr><td>生长势</td><td colspan="3">①正常株√ ②衰弱 ③濒危 ④死亡</td><td>生长环境</td><td>①好 ②中√ ③差</td></tr>
<tr><td>影响生长环境因素</td><td colspan="5">绿萝缠绕</td></tr>
<tr><td>管护单位</td><td colspan="3">坪山街道办事处</td><td>管护人</td><td>坪山街道办事处工作人员</td></tr>
<tr><td>树种鉴定记载</td><td colspan="5">由调查小组现场认定，并拍照记录相关信息</td></tr>
</table>

古树名木每木调查表

<table>
<tr><td>古树编号</td><td colspan="5">44031000100100032（原编号：02080157）</td></tr>
<tr><td rowspan="2">树种</td><td colspan="5">中文名：水翁</td></tr>
<tr><td colspan="5">拉丁名：Cleistocalyx operculatus (Roxb.) Merr. et L. M. Perry　科：桃金娘科　属：水翁属</td></tr>
<tr><td rowspan="3">位置</td><td colspan="5">乡（镇、街道）：坪山　村委会（居委会）：六和　小地名：飞西村，西北侧入口（三株中的左侧株）</td></tr>
<tr><td colspan="5">生长场所：①乡村√ ②城区</td></tr>
<tr><td colspan="3">经度（WGS84 坐标系）：114.337092</td><td colspan="2">纬度（WGS84 坐标系）：22.697317</td></tr>
<tr><td>特点</td><td colspan="2">①散生√ ②群状</td><td>权属</td><td colspan="2">①国有√ ②集体 ③个人 ④其他</td></tr>
<tr><td>树龄</td><td colspan="5">估测树龄：130 年</td></tr>
<tr><td>古树等级</td><td>①一级 ②二级 ③三级√</td><td colspan="3">树高：9 m</td><td>胸围：152 cm</td></tr>
<tr><td>冠幅</td><td>平均：10 m</td><td colspan="3">东西：12 m</td><td>南北：8 m</td></tr>
<tr><td>生长势</td><td colspan="3">①正常株√ ②衰弱 ③濒危 ④死亡</td><td>生长环境</td><td>①好 ②中√ ③差</td></tr>
<tr><td>影响生长环境因素</td><td colspan="5">绿萝缠绕</td></tr>
<tr><td>管护单位</td><td colspan="3">坪山街道办事处</td><td>管护人</td><td>坪山街道办事处工作人员</td></tr>
<tr><td>树种鉴定记载</td><td colspan="5">由调查小组现场认定，并拍照记录相关信息</td></tr>
</table>

古树名木每木调查表

古树编号	44031000100100030（原编号：02080155）				
树种	中文名：榕树				
	拉丁名：*Ficus microcarpa* L. f.　科：桑科　属：榕属				
位置	乡（镇、街道）：坪山　村委会（居委会）：六和　小地名：飞西村，西北侧入口，河边				
	生长场所：①乡村√ ②城区				
	经度（WGS84 坐标系）：114.337511		纬度（WGS84 坐标系）：22.697185		
特点	①散生√ ②群状	权属	①国有 ②集体√ ③个人 ④其他		
树龄	估测树龄：110 年				
古树等级	①一级 ②二级 ③三级√	树高：15 m		胸围：664 cm	
冠幅	平均：16.5 m	东西：18 m		南北：15 m	
生长势	①正常株√ ②衰弱 ③濒危 ④死亡		生长环境	①好 ②中√ ③差	
影响生长环境因素	绿萝缠绕				
管护单位	坪山街道办事处		管护人	坪山街道办事处工作人员	
树种鉴定记载	由调查小组现场认定，并拍照记录相关信息				

古树名木每木调查表

古树编号	44031000100100003（原编号：02080003）		
树种	中文名：樟树		
	拉丁名：*Cinnamomum camphora* (L.) J.Presl.　科：樟科　属：樟属		
位置	乡（镇、街道）：坪山　村委会（居委会）：六和　小地名：新和村，佳邦路 2 号（旧改地块）		
	生长场所：①乡村√ ②城区		
	经度（WGS84 坐标系）：114.339692	纬度（WGS84 坐标系）：22.697324	
特点	①散生√ ②群状	权属	①国有 ②集体√ ③个人 ④其他
树龄	估测树龄：160 年		
古树等级	①一级 ②二级 ③三级√	树高：13 m	胸围：480 cm
冠幅	平均：13 m	东西：14 m	南北：12 m
生长势	①正常株√ ②衰弱 ③濒危 ④死亡	生长环境	①好 ②中√ ③差
影响生长环境因素	有断枝和枯枝，位于建筑工地，易堆放建筑垃圾		
管护单位	坪山街道办事处	管护人	坪山街道办事处工作人员
树种鉴定记载	由调查小组现场认定，并拍照记录相关信息		

古树名木每木调查表

<table>
<tr><td>古树编号</td><td colspan="5">44031000100100005（原编号：02080005）</td></tr>
<tr><td rowspan="2">树种</td><td colspan="5">中文名：榕树</td></tr>
<tr><td colspan="5">拉丁名：Ficus microcarpa L. f.　科：桑科　属：榕属</td></tr>
<tr><td rowspan="3">位置</td><td colspan="5">乡（镇、街道）：坪山　村委会（居委会）：六和　小地名：新和村，培茧小学后山</td></tr>
<tr><td colspan="5">生长场所：①乡村√ ②城区</td></tr>
<tr><td colspan="3">经度（WGS84 坐标系）：114.329870</td><td colspan="2">纬度（WGS84 坐标系）：22.707355</td></tr>
<tr><td>特点</td><td colspan="2">①散生√ ②群状</td><td>权属</td><td colspan="2">①国有 ②集体√ ③个人 ④其他</td></tr>
<tr><td>树龄</td><td colspan="5">估测树龄：120 年</td></tr>
<tr><td>古树等级</td><td>①一级 ②二级 ③三级√</td><td colspan="3">树高：16.5 m</td><td>胸围：518 cm</td></tr>
<tr><td>冠幅</td><td>平均：25 m</td><td colspan="3">东西：25 m</td><td>南北：25 m</td></tr>
<tr><td>生长势</td><td colspan="3">①正常株√ ②衰弱 ③濒危 ④死亡</td><td>生长环境</td><td>①好 ②中√ ③差</td></tr>
<tr><td>影响生长环境因素</td><td colspan="5">树下香火旺盛，有断枝和枯枝</td></tr>
<tr><td>管护单位</td><td colspan="3">坪山街道办事处</td><td>管护人</td><td>坪山街道办事处工作人员</td></tr>
<tr><td>树种鉴定记载</td><td colspan="5">由调查小组现场认定，并拍照记录相关信息</td></tr>
</table>

古树名木每木调查表

<table>
<tr><td>古树编号</td><td colspan="5">44031000100100026（原编号：02080071）</td></tr>
<tr><td rowspan="2">树种</td><td colspan="5">中文名：秋枫</td></tr>
<tr><td colspan="5">拉丁名：Bischofia javanica Bl.　　科：大戟科　　属：秋枫属</td></tr>
<tr><td rowspan="3">位置</td><td colspan="5">乡（镇、街道）：坪山　　村委会（居委会）：六和　　小地名：坪山区政府，政府大门东侧（靠近交警大队）</td></tr>
<tr><td colspan="5">生长场所：①乡村√ ②城区</td></tr>
<tr><td colspan="3">经度（WGS84 坐标系）：114.346625</td><td colspan="2">纬度（WGS84 坐标系）：22.711316</td></tr>
<tr><td>特点</td><td colspan="2">①散生√ ②群状</td><td>权属</td><td colspan="2">①国有√ ②集体 ③个人 ④其他</td></tr>
<tr><td>树龄</td><td colspan="5">估测树龄：190 年</td></tr>
<tr><td>古树等级</td><td>①一级 ②二级 ③三级√</td><td colspan="3">树高：17 m</td><td>胸围：288 cm</td></tr>
<tr><td>冠幅</td><td>平均：6.85 m</td><td colspan="3">东西：6.7 m</td><td>南北：7 m</td></tr>
<tr><td>生长势</td><td colspan="3">①正常株√ ②衰弱 ③濒危 ④死亡</td><td>生长环境</td><td>①好 ②中√ ③差</td></tr>
<tr><td>影响生长环境因素</td><td colspan="5">枯枝</td></tr>
<tr><td>管护单位</td><td colspan="3">坪山区城管局公园管理中心</td><td>管护人</td><td>坪山区城管局公园管理中心工作人员</td></tr>
<tr><td>树种鉴定记载</td><td colspan="5">由调查小组现场认定，并拍照记录相关信息</td></tr>
</table>

古树名木每木调查表

古树编号	44031000100100024（原编号：02080069）			
树种	中文名：秋枫			
	拉丁名：*Bischofia javanica* Bl.　科：大戟科　属：秋枫属			
位置	乡（镇、街道）：坪山　村委会（居委会）：六和　小地名：坪山区政府，大门西侧			
	生长场所：①乡村√ ②城区			
	经度（WGS84 坐标系）：114.346569		纬度（WGS84 坐标系）：22.710875	
特点	①散生√ ②群状	权属	①国有√ ②集体 ③个人 ④其他	
树龄	估测树龄：150 年			
古树等级	①一级 ②二级 ③三级√	树高：17 m		胸围：339 cm
冠幅	平均：7 m	东西：7 m		南北：7 m
生长势	①正常株√ ②衰弱 ③濒危 ④死亡		生长环境	①好 ②中√ ③差
影响生长环境因素	有树洞，叶片有虫咬，叶片内卷有虫害			
管护单位	坪山区城管局公园管理中心		管护人	坪山区城管局公园管理中心工作人员
树种鉴定记载	由调查小组现场认定，并拍照记录相关信息			

古树名木每木调查表

<table>
<tr><td>古树编号</td><td colspan="5">44031000100100025（原编号：02080070）</td></tr>
<tr><td rowspan="2">树种</td><td colspan="5">中文名：秋枫</td></tr>
<tr><td colspan="5">拉丁名：Bischofia javanica Bl.　　科：大戟科　　属：秋枫属</td></tr>
<tr><td rowspan="3">位置</td><td colspan="5">乡（镇、街道）：坪山　　村委会（居委会）：六和　　小地名：坪山区政府，院内</td></tr>
<tr><td colspan="5">生长场所：①乡村√ ②城区</td></tr>
<tr><td colspan="3">经度（WGS84 坐标系）：114.345723</td><td colspan="2">纬度（WGS84 坐标系）：22.711242</td></tr>
<tr><td>特点</td><td colspan="2">①散生√ ②群状</td><td>权属</td><td colspan="2">①国有√ ②集体 ③个人 ④其他</td></tr>
<tr><td>树龄</td><td colspan="5">估测树龄：190 年</td></tr>
<tr><td>古树等级</td><td>①一级 ②二级 ③三级√</td><td colspan="3">树高：12 m</td><td>胸围：438 cm</td></tr>
<tr><td>冠幅</td><td>平均：6.5 m</td><td colspan="3">东西：7 m</td><td>南北：6 m</td></tr>
<tr><td>生长势</td><td colspan="3">①正常株√ ②衰弱 ③濒危 ④死亡</td><td>生长环境</td><td>①好√ ②中 ③差</td></tr>
<tr><td>影响生长环境因素</td><td colspan="5">有树洞，叶片有虫咬洞，叶片卷有虫害</td></tr>
<tr><td>管护单位</td><td colspan="3">坪山区城管局公园管理中心</td><td>管护人</td><td>坪山区城管局公园管理中心工作人员</td></tr>
<tr><td>树种鉴定记载</td><td colspan="5">由调查小组现场认定，并拍照记录相关信息</td></tr>
</table>

古树名木每木调查表

<table>
<tr><th>古树编号</th><th colspan="5">44031000100100022（原编号：02080067）</th></tr>
<tr><td rowspan="2">树种</td><td colspan="5">中文名：樟树</td></tr>
<tr><td colspan="5">拉丁名：Cinnamomum camphora (L.) J.Presl.　科：樟科　属：樟属</td></tr>
<tr><td rowspan="3">位置</td><td colspan="5">乡（镇、街道）：坪山　村委会（居委会）：六和　小地名：中心公园，园路里侧</td></tr>
<tr><td colspan="5">生长场所：①乡村√ ②城区</td></tr>
<tr><td colspan="3">经度（WGS84 坐标系）：114.343619</td><td colspan="2">纬度（WGS84 坐标系）：22.709754</td></tr>
<tr><td>特点</td><td colspan="2">①散生√ ②群状</td><td>权属</td><td colspan="2">①国有 ②集体√ ③个人 ④其他</td></tr>
<tr><td>树龄</td><td colspan="5">估测树龄：100 年</td></tr>
<tr><td>古树等级</td><td>①一级 ②二级 ③三级√</td><td colspan="3">树高：13 m</td><td>胸围：257 cm</td></tr>
<tr><td>冠幅</td><td>平均：15.5 m</td><td colspan="3">东西：18 m</td><td>南北：13 m</td></tr>
<tr><td>生长势</td><td colspan="3">①正常株√ ②衰弱 ③濒危 ④死亡</td><td>生长环境</td><td>①好√ ②中 ③差</td></tr>
<tr><td>影响生长环境因素</td><td colspan="5">枯枝断枝，无树池，有白色虫害，有白蚁</td></tr>
<tr><td>管护单位</td><td colspan="3">坪山区城管局公园管理中心</td><td>管护人</td><td>坪山区城管局公园管理中心工作人员</td></tr>
<tr><td>树种鉴定记载</td><td colspan="5">由调查小组现场认定，并拍照记录相关信息</td></tr>
</table>

古树名木每木调查表

<table>
<tr><td>古树编号</td><td colspan="5">44031000100100023（原编号：02080068）</td></tr>
<tr><td rowspan="2">树种</td><td colspan="5">中文名：樟树</td></tr>
<tr><td colspan="5">拉丁名：Cinnamomum camphora (L.) J.Presl.　科：樟科　属：樟属</td></tr>
<tr><td rowspan="3">位置</td><td colspan="5">乡（镇、街道）：坪山　村委会（居委会）：六和　小地名：中心公园，园路外侧</td></tr>
<tr><td colspan="5">生长场所：①乡村√ ②城区</td></tr>
<tr><td colspan="3">经度（WGS84 坐标系）：114.343645</td><td colspan="2">纬度（WGS84 坐标系）：22.709774</td></tr>
<tr><td>特点</td><td colspan="2">①散生√ ②群状</td><td>权属</td><td colspan="2">①国有√ ②集体 ③个人 ④其他</td></tr>
<tr><td>树龄</td><td colspan="5">估测树龄：110 年</td></tr>
<tr><td>古树等级</td><td>①一级 ②二级 ③三级√</td><td colspan="3">树高：14 m</td><td>胸围：273 cm</td></tr>
<tr><td>冠幅</td><td>平均：11 m</td><td colspan="3">东西：12 m</td><td>南北：10 m</td></tr>
<tr><td>生长势</td><td colspan="3">①正常株 ②衰弱√ ③濒危 ④死亡</td><td>生长环境</td><td>①好 ②中 ③差√</td></tr>
<tr><td>影响生长环境因素</td><td colspan="5">白蚁危害</td></tr>
<tr><td>管护单位</td><td colspan="3">坪山区城管局公园管理中心</td><td>管护人</td><td>坪山区城管局公园管理中心工作人员</td></tr>
<tr><td>树种鉴定记载</td><td colspan="5">由调查小组现场认定，并拍照记录相关信息</td></tr>
</table>

古树名木每木调查表

古树编号	44031000100200018（原编号：02080035）		
树种	中文名：榕树		
	拉丁名：*Ficus microcarpa* L. f.　科：桑科　属：榕属		
位置	乡（镇、街道）：坪山　村委会（居委会）：六联　小地名：澳子头村，东新世居，黄氏宗祠后（东部过境高速匝道旁）		
	生长场所：①乡村√ ②城区		
	经度（WGS84 坐标系）：114.314404		纬度（WGS84 坐标系）：22.689178
特点	①散生√ ②群状	权属	①国有 ②集体√ ③个人 ④其他
树龄	估测树龄：110 年		
古树等级	①一级 ②二级 ③三级√	树高：13 m	胸围：404 cm
冠幅	平均：12 m	东西：11 m	南北：13 m
生长势	①正常株√ ②衰弱 ③濒危 ④死亡	生长环境	①好√ ②中 ③差
影响生长环境因素	正常		
管护单位	坪山街道办事处	管护人	坪山街道办事处工作人员
树种鉴定记载	由调查小组现场认定，并拍照记录相关信息		

古树名木每木调查表

<table>
<tr><td>古树编号</td><td colspan="5">44031000100200014（原编号：02080014）</td></tr>
<tr><td rowspan="2">树种</td><td colspan="5">中文名：龙眼</td></tr>
<tr><td colspan="5">拉丁名：Dimocarpus longana Lour.　科：无患子科　属：龙眼属</td></tr>
<tr><td rowspan="3">位置</td><td colspan="5">乡（镇、街道）：坪山　村委会（居委会）：六联　小地名：丰田村，社区服务站</td></tr>
<tr><td colspan="5">生长场所：①乡村√ ②城区</td></tr>
<tr><td colspan="3">经度（WGS84 坐标系）：114.323198</td><td colspan="2">纬度（WGS84 坐标系）：22.688287</td></tr>
<tr><td>特点</td><td colspan="2">①散生√ ②群状</td><td>权属</td><td colspan="2">①国有 ②集体 ③个人√ ④其他</td></tr>
<tr><td>树龄</td><td colspan="5">估测树龄：140 年</td></tr>
<tr><td>古树等级</td><td>①一级 ②二级 ③三级√</td><td colspan="3">树高：12 m</td><td>胸围：183 cm</td></tr>
<tr><td>冠幅</td><td>平均：7 m</td><td colspan="3">东西：8 m</td><td>南北：6 m</td></tr>
<tr><td>生长势</td><td colspan="3">①正常株√ ②衰弱 ③濒危 ④死亡</td><td>生长环境</td><td>①好√ ②中 ③差</td></tr>
<tr><td>影响生长环境因素</td><td colspan="5">有断枝和枯枝</td></tr>
<tr><td>管护单位</td><td colspan="3">坪山街道办事处</td><td>管护人</td><td>坪山街道办事处工作人员</td></tr>
<tr><td>树种鉴定记载</td><td colspan="5">由调查小组现场认定，并拍照记录相关信息</td></tr>
</table>

古树名木每木调查表

<table>
<tr><td>古树编号</td><td colspan="5">44031000100200013（原编号：02080013）</td></tr>
<tr><td rowspan="2">树种</td><td colspan="5">中文名：朴树</td></tr>
<tr><td colspan="5">拉丁名：Celtis sinensis Pers.　科：榆科　属：朴属</td></tr>
<tr><td rowspan="3">位置</td><td colspan="5">乡（镇、街道）：坪山　村委会（居委会）：六联　小地名：丰田村，社区服务站</td></tr>
<tr><td colspan="5">生长场所：①乡村√ ②城区</td></tr>
<tr><td colspan="3">经度（WGS84 坐标系）：114.323378</td><td colspan="2">纬度（WGS84 坐标系）：22.688021</td></tr>
<tr><td>特点</td><td colspan="2">①散生√ ②群状</td><td>权属</td><td colspan="2">①国有 ②集体√ ③个人 ④其他</td></tr>
<tr><td>树龄</td><td colspan="5">估测树龄：120 年</td></tr>
<tr><td>古树等级</td><td>①一级 ②二级 ③三级√</td><td colspan="3">树高：16 m</td><td>胸围：307 cm</td></tr>
<tr><td>冠幅</td><td>平均：12.25 m</td><td colspan="3">东西：12 m</td><td>南北：12.5 m</td></tr>
<tr><td>生长势</td><td colspan="3">①正常株√ ②衰弱 ③濒危 ④死亡</td><td>生长环境</td><td>①好 ②中√ ③差</td></tr>
<tr><td>影响生长环境因素</td><td colspan="5">有断枝和枯枝</td></tr>
<tr><td>管护单位</td><td colspan="3">坪山街道办事处</td><td>管护人</td><td>坪山街道办事处工作人员</td></tr>
<tr><td>树种鉴定记载</td><td colspan="5">由调查小组现场认定，并拍照记录相关信息</td></tr>
</table>

古树名木每木调查表

古树编号	44031000100200012（原编号：02080012）			
树种	中文名：秋枫			
	拉丁名：*Bischofia javanica* Bl.　　科：大戟科　　属：秋枫属			
位置	乡（镇、街道）：坪山　　村委会（居委会）：六联　　小地名：丰田村，社区服务站			
	生长场所：①乡村√ ②城区			
	经度（WGS84 坐标系）：114.323540		纬度（WGS84 坐标系）：22.687953	
特点	①散生√ ②群状	权属	①国有 ②集体√ ③个人 ④其他	
树龄	估测树龄：110 年			
古树等级	①一级 ②二级 ③三级√	树高：16 m		胸围：186 cm
冠幅	平均：12 m	东西：12 m		南北：12 m
生长势	①正常株√ ②衰弱 ③濒危 ④死亡		生长环境	①好 ②中√ ③差
影响生长环境因素	有断枝和枯枝			
管护单位	坪山街道办事处		管护人	坪山街道办事处工作人员
树种鉴定记载	由调查小组现场认定，并拍照记录相关信息			

古树名木每木调查表

古树编号	44031000100200010（原编号：02080010）		
树种	中文名：榕树		
	拉丁名：*Ficus microcarpa* L. f.　科：桑科　属：榕属		
位置	乡（镇、街道）：坪山　村委会（居委会）：六联　小地名：丰田村，社区服务站		
	生长场所：①乡村√ ②城区		
	经度（WGS84 坐标系）：114.323482		纬度（WGS84 坐标系）：22.687976
特点	①散生√ ②群状	权属	①国有 ②集体√ ③个人 ④其他
树龄	估测树龄：120 年		
古树等级	①一级 ②二级 ③三级√	树高：13.5 m	胸围：517 cm (90 cm 高分叉)
冠幅	平均：18.5 m	东西：20 m	南北：17 m
生长势	①正常株√ ②衰弱 ③濒危 ④死亡	生长环境	①好√ ②中 ③差
影响生长环境因素	有断枝和枯枝		
管护单位	坪山街道办事处	管护人	坪山街道办事处工作人员
树种鉴定记载	由调查小组现场认定，并拍照记录相关信息		

古树名木每木调查表

古树编号	44031000100200009（原编号：02080009）				
树种	中文名：水翁				
	拉丁名：*Cleistocalyx operculatus* (Roxb.) Merr. et L. M. Perry　科：桃金娘科　属：水翁属				
位置	乡（镇、街道）：坪山　村委会（居委会）：六联　小地名：丰田，社区服务站				
	生长场所：①乡村√ ②城区				
	经度（WGS84 坐标系）：114.323531			纬度（WGS84 坐标系）：22.688335	
特点	①散生√ ②群状		权属	①国有 ②集体√ ③个人 ④其他	
树龄	估测树龄：120 年				
古树等级	①一级 ②二级 ③三级√	树高：16 m			胸围：234 cm
冠幅	平均：14 m	东西：14 m			南北：14 m
生长势	①正常株√ ②衰弱 ③濒危 ④死亡			生长环境	①好 ②中√ ③差
影响生长环境因素	有断枝和枯枝				
管护单位	坪山街道办事处			管护人	坪山街道办事处工作人员
树种鉴定记载	由调查小组现场认定，并拍照记录相关信息				

古树名木每木调查表

<table>
<tr><th>古树编号</th><th colspan="5">44031000100200027（原编号：02080072）</th></tr>
<tr><td rowspan="2">树种</td><td colspan="5">中文名：樟树</td></tr>
<tr><td colspan="5">拉丁名：Cinnamomum camphora (L.) J.Presl.　科：樟科　属：樟属</td></tr>
<tr><td rowspan="3">位置</td><td colspan="5">乡（镇、街道）：坪山　村委会（居委会）：六联　小地名：丰田村，社区服务站</td></tr>
<tr><td colspan="5">生长场所：①乡村√ ②城区</td></tr>
<tr><td colspan="3">经度（WGS84 坐标系）：114.323161</td><td colspan="2">纬度（WGS84 坐标系）：22.688170</td></tr>
<tr><td>特点</td><td colspan="2">①散生√ ②群状</td><td>权属</td><td colspan="2">①国有√ ②集体 ③个人 ④其他</td></tr>
<tr><td>树龄</td><td colspan="5">估测树龄：110 年</td></tr>
<tr><td>古树等级</td><td>①一级 ②二级 ③三级√</td><td colspan="3">树高：17 m</td><td>胸围：326 cm（100 cm 高分叉）</td></tr>
<tr><td>冠幅</td><td>平均：6.5 m</td><td colspan="3">东西：6 m</td><td>南北：7 m</td></tr>
<tr><td>生长势</td><td colspan="3">①正常株√ ②衰弱 ③濒危 ④死亡</td><td>生长环境</td><td>①好√ ②中 ③差</td></tr>
<tr><td>影响生长环境因素</td><td colspan="5">断枝枯枝</td></tr>
<tr><td>管护单位</td><td colspan="3">坪山街道办事处</td><td>管护人</td><td>坪山街道办事处工作人员</td></tr>
<tr><td>树种鉴定记载</td><td colspan="5">由调查小组现场认定，并拍照记录相关信息</td></tr>
</table>

古树名木每木调查表

<table>
<tr><td>古树编号</td><td colspan="5">44031000100200015（原编号：02080015）</td></tr>
<tr><td rowspan="2">树种</td><td colspan="5">中文名：朴树</td></tr>
<tr><td colspan="5">拉丁名：Celtis sinensis Pers.　　科：榆科　　属：朴属</td></tr>
<tr><td rowspan="3">位置</td><td colspan="5">乡(镇、街道)：坪山　　村委会(居委会)：六联　　小地名：丰田村，社区服务站(靠近土地庙侧)</td></tr>
<tr><td colspan="5">生长场所：①乡村√ ②城区</td></tr>
<tr><td colspan="3">经度（WGS84 坐标系）：114.323225</td><td colspan="2">纬度（WGS84 坐标系）：22.688121</td></tr>
<tr><td>特点</td><td colspan="2">①散生√ ②群状</td><td>权属</td><td colspan="2">①国有 ②集体√ ③个人 ④其他</td></tr>
<tr><td>树龄</td><td colspan="5">估测树龄：124 年</td></tr>
<tr><td>古树等级</td><td>①一级 ②二级 ③三级√</td><td colspan="3">树高：18 m</td><td>胸围：110 cm</td></tr>
<tr><td>冠幅</td><td>平均：15 m</td><td colspan="3">东西：15 m</td><td>南北：15 m</td></tr>
<tr><td>生长势</td><td colspan="3">①正常株√ ②衰弱 ③濒危 ④死亡</td><td>生长环境</td><td>①好 ②中√ ③差</td></tr>
<tr><td>影响生长环境因素</td><td colspan="5">受“艾云尼”台风影响，整株倒伏，后经扶正、抢救，但因伤势较重，抢救无效死亡。</td></tr>
<tr><td>管护单位</td><td colspan="3">坪山街道办事处</td><td>管护人</td><td>坪山街道办事处工作人员</td></tr>
<tr><td>树种鉴定记载</td><td colspan="5">由调查小组现场认定，并拍照记录相关信息</td></tr>
</table>

古树名木每木调查表

古树编号	44031000100200011（原编号：02080011）			
树种	中文名：秋枫			
	拉丁名：*Bischofia javanica* Bl.　科：大戟科　属：秋枫属			
位置	乡（镇、街道）：坪山　村委会（居委会）：六联　小地名：丰田村，社区服务站（靠近围墙侧）			
	生长场所：①乡村√ ②城区			
	经度（WGS84 坐标系）：114.323577		纬度（WGS84 坐标系）：22.688063	
特点	①散生√ ②群状	权属	①国有 ②集体√ ③个人 ④其他	
树龄	估测树龄：120 年			
古树等级	①一级 ②二级 ③三级√	树高：16 m		胸围：194 cm
冠幅	平均：12.5 m	东西：12.5 m		南北：12.5 m
生长势	①正常株√ ②衰弱 ③濒危 ④死亡		生长环境	①好 ②中√ ③差
影响生长环境因素	正常			
管护单位	坪山街道办事处		管护人	坪山街道办事处工作人员
树种鉴定记载	由调查小组现场认定，并拍照记录相关信息			

古树名木每木调查表

<table>
<tr><td>古树编号</td><td colspan="5">44031000100200006（原编号：02080006）</td></tr>
<tr><td rowspan="2">树种</td><td colspan="5">中文名：榕树</td></tr>
<tr><td colspan="5">拉丁名：Ficus microcarpa L. f.　科：桑科　属：榕属</td></tr>
<tr><td rowspan="3">位置</td><td colspan="5">乡（镇、街道）：坪山　村委会（居委会）：六联　小地名：横岭塘村，横岭塘小区广场</td></tr>
<tr><td colspan="5">生长场所：①乡村√ ②城区</td></tr>
<tr><td colspan="3">经度（WGS84 坐标系）：114.329601</td><td colspan="2">纬度（WGS84 坐标系）：22.695503</td></tr>
<tr><td>特点</td><td colspan="2">①散生√ ②群状</td><td>权属</td><td colspan="2">①国有 ②集体√ ③个人 ④其他</td></tr>
<tr><td>树龄</td><td colspan="5">估测树龄：120 年</td></tr>
<tr><td>古树等级</td><td>①一级 ②二级 ③三级√</td><td colspan="3">树高：17.5 m</td><td>胸围：606 cm</td></tr>
<tr><td>冠幅</td><td>平均：27 m</td><td colspan="3">东西：27 m</td><td>南北：27 m</td></tr>
<tr><td>生长势</td><td colspan="3">①正常株√ ②衰弱 ③濒危 ④死亡</td><td>生长环境</td><td>①好√ ②中 ③差</td></tr>
<tr><td>影响生长环境因素</td><td colspan="5">正常</td></tr>
<tr><td>管护单位</td><td colspan="3">坪山街道办事处</td><td>管护人</td><td>坪山街道办事处工作人员</td></tr>
<tr><td>树种鉴定记载</td><td colspan="5">由调查小组现场认定，并拍照记录相关信息</td></tr>
</table>

古树名木每木调查表

<table>
<tr><td>古树编号</td><td colspan="5">44031000100200007（原编号：02080007）</td></tr>
<tr><td rowspan="2">树种</td><td colspan="5">中文名：榕树</td></tr>
<tr><td colspan="5">拉丁名：Ficus microcarpa L. f.　科：桑科　属：榕属</td></tr>
<tr><td rowspan="3">位置</td><td colspan="5">乡（镇、街道）：坪山　村委会（居委会）：六联　小地名：横岭塘村，横岭塘小区广场</td></tr>
<tr><td colspan="5">生长场所：①乡村√ ②城区</td></tr>
<tr><td colspan="3">经度（WGS84 坐标系）：114.329511</td><td colspan="2">纬度（WGS84 坐标系）：22.695666</td></tr>
<tr><td>特点</td><td colspan="2">①散生√ ②群状</td><td>权属</td><td colspan="2">①国有 ②集体√ ③个人 ④其他</td></tr>
<tr><td>树龄</td><td colspan="5">估测树龄：120 年</td></tr>
<tr><td>古树等级</td><td>①一级 ②二级 ③三级√</td><td colspan="3">树高：13 m</td><td>胸围：681 cm（50 cm 高分叉）</td></tr>
<tr><td>冠幅</td><td>平均：26 m</td><td colspan="3">东西：26 m</td><td>南北：26 m</td></tr>
<tr><td>生长势</td><td colspan="3">①正常株√ ②衰弱 ③濒危 ④死亡</td><td>生长环境</td><td>①好 ②中√ ③差</td></tr>
<tr><td>影响生长环境因素</td><td colspan="5">有断枝和枯枝</td></tr>
<tr><td>管护单位</td><td colspan="3">坪山街道办事处</td><td>管护人</td><td>坪山街道办事处工作人员</td></tr>
<tr><td>树种鉴定记载</td><td colspan="5">由调查小组现场认定，并拍照记录相关信息</td></tr>
</table>

古树名木每木调查表

<table>
<tr><th>古树编号</th><th colspan="4">44031000100200008（原编号：02080008）</th></tr>
<tr><td rowspan="2">树种</td><td colspan="4">中文名：榕树</td></tr>
<tr><td colspan="4">拉丁名：Ficus microcarpa L. f.　科：桑科　属：榕属</td></tr>
<tr><td rowspan="3">位置</td><td colspan="4">乡（镇、街道）：坪山　村委会（居委会）：六联　小地名：横岭塘村，社会事务综合管理服务办公室，居委会</td></tr>
<tr><td colspan="4">生长场所：①乡村√ ②城区</td></tr>
<tr><td colspan="2">经度（WGS84 坐标系）：114.331402</td><td colspan="2">纬度（WGS84 坐标系）：22.696688</td></tr>
<tr><td>特点</td><td>①散生√ ②群状</td><td>权属</td><td colspan="2">①国有 ②集体√ ③个人 ④其他</td></tr>
<tr><td>树龄</td><td colspan="4">估测树龄：130 年</td></tr>
<tr><td>古树等级</td><td>①一级 ②二级 ③三级√</td><td colspan="2">树高：15 m</td><td>胸围：290 cm</td></tr>
<tr><td>冠幅</td><td>平均：27.5 m</td><td colspan="2">东西：27.5 m</td><td>南北：27.5 m</td></tr>
<tr><td>生长势</td><td colspan="2">①正常株√ ②衰弱 ③濒危 ④死亡</td><td>生长环境</td><td>①好 ②中√ ③差</td></tr>
<tr><td>影响生长环境因素</td><td colspan="4">断枝和枯枝</td></tr>
<tr><td>管护单位</td><td colspan="2">坪山街道办事处</td><td>管护人</td><td>坪山街道办事处工作人员</td></tr>
<tr><td>树种鉴定记载</td><td colspan="4">由调查小组现场认定，并拍照记录相关信息</td></tr>
</table>

古树名木每木调查表

<table>
<tr><th>古树编号</th><th colspan="5">44031000100200029（原编号：02080154）</th></tr>
<tr><td rowspan="2">树种</td><td colspan="5">中文名：榕树</td></tr>
<tr><td colspan="5">拉丁名：Ficus microcarpa L. f.　科：桑科　属：榕属</td></tr>
<tr><td rowspan="3">位置</td><td colspan="5">乡（镇、街道）：坪山　村委会（居委会）：六联　小地名：横岭塘村，第一花园（东 8 巷 16 号前）</td></tr>
<tr><td colspan="5">生长场所：①乡村√ ②城区</td></tr>
<tr><td colspan="3">经度（WGS84 坐标系）：114.330968</td><td colspan="2">纬度（WGS84 坐标系）：22.698017</td></tr>
<tr><td>特点</td><td colspan="2">①散生√ ②群状</td><td>权属</td><td colspan="2">①国有 ②集体√ ③个人 ④其他</td></tr>
<tr><td>树龄</td><td colspan="5">估测树龄：200 年</td></tr>
<tr><td>古树等级</td><td>①一级 ②二级 ③三级√</td><td colspan="3">树高：20 m</td><td>胸围：592 cm</td></tr>
<tr><td>冠幅</td><td>平均：21 m</td><td colspan="3">东西：20 m</td><td>南北：22 m</td></tr>
<tr><td>生长势</td><td colspan="3">①正常株√ ②衰弱 ③濒危 ④死亡</td><td>生长环境</td><td>①好 ②中√ ③差</td></tr>
<tr><td>影响生长环境因素</td><td colspan="5">有病虫害</td></tr>
<tr><td>管护单位</td><td colspan="3">坪山街道办事处</td><td>管护人</td><td>坪山街道办事处工作人员</td></tr>
<tr><td>树种鉴定记载</td><td colspan="5">由调查小组现场认定，并拍照记录相关信息</td></tr>
</table>

古树名木每木调查表

古树编号	44031000100200004（原编号：02080004）			
树种	中文名：榕树			
	拉丁名：*Ficus microcarpa* L. f.　科：桑科　属：榕属			
位置	乡（镇、街道）：坪山　村委会（居委会）：六联　小地名：原六联村委前（现天桥下）			
	生长场所：①乡村√ ②城区			
	经度（WGS84 坐标系）：114.338253		纬度（WGS84 坐标系）：22.693829	
特点	①散生√ ②群状	权属	①国有 ②集体√ ③个人 ④其他	
树龄	估测树龄：130 年			
古树等级	①一级 ②二级 ③三级√	树高：15 m		胸围：396 cm
冠幅	平均：14 m	东西：13 m		南北：15 m
生长势	①正常株√ ②衰弱 ③濒危 ④死亡		生长环境	①好 ②中√ ③差
影响生长环境因素	因地铁 16 号线坪山围站建设，需要进行迁移。			
管护单位	坪山街道办事处		管护人	坪山街道办事处工作人员
树种鉴定记载	由调查小组现场认定，并拍照记录相关信息			

古树名木每木调查表

<table>
<tr><td>古树编号</td><td colspan="5">44031000100400019（原编号：02080039）</td></tr>
<tr><td rowspan="2">树种</td><td colspan="5">中文名：榕树</td></tr>
<tr><td colspan="5">拉丁名：Ficus microcarpa L. f.　科：桑科　属：榕属</td></tr>
<tr><td rowspan="3">位置</td><td colspan="5">乡（镇、街道）：坪山　村委会（居委会）：坪山　小地名：三洋湖村，三洋湖公园内</td></tr>
<tr><td colspan="5">生长场所：①乡村√ ②城区</td></tr>
<tr><td colspan="3">经度（WGS84 坐标系）：114.350423</td><td colspan="2">纬度（WGS84 坐标系）：22.692058</td></tr>
<tr><td>特点</td><td colspan="2">①散生√ ②群状</td><td>权属</td><td colspan="2">①国有 ②集体√ ③个人 ④其他</td></tr>
<tr><td>树龄</td><td colspan="5">估测树龄：130 年</td></tr>
<tr><td>古树等级</td><td>①一级 ②二级 ③三级√</td><td colspan="3">树高：16.5 m</td><td>胸围：420 cm</td></tr>
<tr><td>冠幅</td><td>平均：26 m</td><td colspan="3">东西：26 m</td><td>南北：26 m</td></tr>
<tr><td>生长势</td><td colspan="3">①正常株√ ②衰弱 ③濒危 ④死亡</td><td>生长环境</td><td>①好 ②中√ ③差</td></tr>
<tr><td>影响生长环境因素</td><td colspan="5">因旧改项目影响，缺乏管养。</td></tr>
<tr><td>管护单位</td><td colspan="3">坪山街道办事处</td><td>管护人</td><td>坪山街道办事处工作人员</td></tr>
<tr><td>树种鉴定记载</td><td colspan="5">由调查小组现场认定，并拍照记录相关信息</td></tr>
</table>

古树名木每木调查表

<table>
<tr><th>古树编号</th><th colspan="4">44031000100400021（原编号：02080041）</th></tr>
<tr><td rowspan="2">树种</td><td colspan="4">中文名：白兰</td></tr>
<tr><td colspan="4">拉丁名：Michelia alba DC.　科：木兰科　属：含笑属</td></tr>
<tr><td rowspan="3">位置</td><td colspan="4">乡（镇、街道）：坪山　村委会（居委会）：坪山　小地名：三洋湖村，国兴寺院内</td></tr>
<tr><td colspan="4">生长场所：①乡村√ ②城区</td></tr>
<tr><td colspan="2">经度（WGS84 坐标系）：114.349259</td><td colspan="2">纬度（WGS84 坐标系）：22.695132</td></tr>
<tr><td>特点</td><td>①散生√ ②群状</td><td>权属</td><td colspan="2">①国有√ ②集体 ③个人 ④其他</td></tr>
<tr><td>树龄</td><td colspan="4">估测树龄：130 年</td></tr>
<tr><td>古树等级</td><td>①一级 ②二级 ③三级√</td><td colspan="2">树高：16.5 m</td><td>胸围：401 cm</td></tr>
<tr><td>冠幅</td><td>平均：20 m</td><td colspan="2">东西：20 m</td><td>南北：20 m</td></tr>
<tr><td>生长势</td><td colspan="2">①正常株 ②衰弱√ ③濒危 ④死亡</td><td>生长环境</td><td>①好 ②中√ ③差</td></tr>
<tr><td>影响生长环境因素</td><td colspan="4">有病虫害</td></tr>
<tr><td>管护单位</td><td colspan="2">坪山街道办事处</td><td>管护人</td><td>坪山街道办事处工作人员</td></tr>
<tr><td>树种鉴定记载</td><td colspan="4">由调查小组现场认定，并拍照记录相关信息</td></tr>
</table>

古树名木每木调查表

<table>
<tr><td>古树编号</td><td colspan="5">44031000100400020（原编号：02080040）</td></tr>
<tr><td rowspan="2">树种</td><td colspan="5">中文名：榕树</td></tr>
<tr><td colspan="5">拉丁名：Ficus microcarpa L. f.　科：桑科　属：榕属</td></tr>
<tr><td rowspan="3">位置</td><td colspan="5">乡（镇、街道）：坪山　村委会（居委会）：坪山　小地名：三洋湖村，国兴寺院内</td></tr>
<tr><td colspan="5">生长场所：①乡村√ ②城区</td></tr>
<tr><td colspan="3">经度（WGS84 坐标系）：114.349552</td><td colspan="2">纬度（WGS84 坐标系）：22.695005</td></tr>
<tr><td>特点</td><td colspan="2">①散生√ ②群状</td><td>权属</td><td colspan="2">①国有√ ②集体 ③个人 ④其他</td></tr>
<tr><td>树龄</td><td colspan="5">估测树龄：130 年</td></tr>
<tr><td>古树等级</td><td>①一级 ②二级 ③三级√</td><td colspan="3">树高：14.5 m</td><td>胸围：603 cm</td></tr>
<tr><td>冠幅</td><td>平均：20 m</td><td colspan="3">东西：20 m</td><td>南北：20 m</td></tr>
<tr><td>生长势</td><td colspan="3">①正常株√ ②衰弱 ③濒危 ④死亡</td><td>生长环境</td><td>①好 ②中√ ③差</td></tr>
<tr><td>影响生长环境因素</td><td colspan="5">树下香火旺盛，并且水泥铺地</td></tr>
<tr><td>管护单位</td><td colspan="3">坪山街道办事处</td><td>管护人</td><td>坪山街道办事处工作人员</td></tr>
<tr><td>树种鉴定记载</td><td colspan="5">由调查小组现场认定，并拍照记录相关信息</td></tr>
</table>

7.6 石井街道

古树名木每木调查表

古树编号	44031000300300140（原编号：02080085）				
树种	中文名：龙眼				
	拉丁名：*Dimocarpus longana* Lour.　科：无患子科　属：龙眼属				
位置	乡（镇、街道）：石井　村委会（居委会）：金龟　小地名：金龟庄园内				
	生长场所：①乡村√ ②城区				
	经度（WGS84 坐标系）：114.389725			纬度（WGS84 坐标系）：22.661423	
特点	①散生√ ②群状		权属	①国有 ②集体√ ③个人 ④其他	
树龄	估测树龄：100 年				
古树等级	①一级 ②二级 ③三级√	树高：12 m			胸围：272 cm
冠幅	平均：13 m	东西：13 m			南北：13 m
生长势	①正常株√ ②衰弱 ③濒危 ④死亡			生长环境	①好 ②中√ ③差
影响生长环境因素	断枝、枯枝				
管护单位	石井街道办事处			管护人	石井街道办事处工作人员
树种鉴定记载	由调查小组现场认定，并拍照记录相关信息				

古树名木每木调查表

古树编号	44031000300300139（原编号：02080084）			
树种	中文名：龙眼			
	拉丁名：*Dimocarpus longana* Lour.　科：无患子科　属：龙眼属			
位置	乡（镇、街道）：石井　村委会（居委会）：金龟　小地名：金龟庄园内			
	生长场所：①乡村√ ②城区			
	经度（WGS84 坐标系）：114.390079		纬度（WGS84 坐标系）：22.664722	
特点	①散生√ ②群状	权属	①国有 ②集体√ ③个人 ④其他	
树龄	估测树龄：130 年			
古树等级	①一级 ②二级 ③三级√	树高：16 m		胸围：342 cm
冠幅	平均：15.5 m	东西：15 m		南北：16 m
生长势	①正常株√ ②衰弱 ③濒危 ④死亡		生长环境	①好 ②中√ ③差
影响生长环境因素	有龙眼鸡，菌类，有白粉状虫害			
管护单位	石井街道办事处		管护人	石井街道办事处工作人员
树种鉴定记载	由调查小组现场认定，并拍照记录相关信息			

古树名木每木调查表

古树编号	44031000300300141（原编号：02080086）				
树种	中文名：龙眼				
	拉丁名：*Dimocarpus longana* Lour.　科：无患子科　属：龙眼属				
位置	乡（镇、街道）：石井　村委会（居委会）：金龟　小地名：田作森林保护站下面小溪旁边				
	生长场所：①乡村√ ②城区				
	经度（WGS84 坐标系）：114.409333			纬度（WGS84 坐标系）：22.664758	
特点	①散生√ ②群状		权属	①国有√ ②集体 ③个人 ④其他	
树龄	估测树龄：100 年				
古树等级	①一级 ②二级 ③三级√	树高：13 m			胸围：206 cm
冠幅	平均：10 m	东西：10 m			南北：10 m
生长势	①正常株√ ②衰弱 ③濒危 ④死亡			生长环境	①好 ②中√ ③差
影响生长环境因素	枯枝断枝，有树洞				
管护单位	石井街道办事处			管护人	石井街道办事处工作人员
树种鉴定记载	由调查小组现场认定，并拍照记录相关信息				

古树名木每木调查表

<table>
<tr><th>古树编号</th><th colspan="5">44031000300300143（原编号：02080088）</th></tr>
<tr><td rowspan="2">树种</td><td colspan="5">中文名：龙眼</td></tr>
<tr><td colspan="5">拉丁名：Dimocarpus longana Lour.　科：无患子科　属：龙眼属</td></tr>
<tr><td rowspan="3">位置</td><td colspan="5">乡（镇、街道）：石井　村委会（居委会）：金龟　小地名：田作森林保护站小溪旁边</td></tr>
<tr><td colspan="5">生长场所：①乡村√ ②城区</td></tr>
<tr><td colspan="3">经度（WGS84 坐标系）：114.409467</td><td colspan="2">纬度（WGS84 坐标系）：22.664805</td></tr>
<tr><td>特点</td><td colspan="2">①散生√ ②群状</td><td>权属</td><td colspan="2">①国有 ②集体√ ③个人 ④其他</td></tr>
<tr><td>树龄</td><td colspan="5">估测树龄：100 年</td></tr>
<tr><td>古树等级</td><td>①一级 ②二级 ③三级√</td><td colspan="3">树高：13 m</td><td>胸围：355 cm</td></tr>
<tr><td>冠幅</td><td>平均：15.5 m</td><td colspan="3">东西：17 m</td><td>南北：14 m</td></tr>
<tr><td>生长势</td><td colspan="3">①正常株√ ②衰弱 ③濒危 ④死亡</td><td>生长环境</td><td>①好 ②中√ ③差</td></tr>
<tr><td>影响生长环境因素</td><td colspan="5">枯枝断枝，有树洞</td></tr>
<tr><td>管护单位</td><td colspan="3">石井街道办事处</td><td>管护人</td><td>石井街道办事处工作人员</td></tr>
<tr><td>树种鉴定记载</td><td colspan="5">由调查小组现场认定，并拍照记录相关信息</td></tr>
</table>

古树名木每木调查表

<table>
<tr><td>古树编号</td><td colspan="5">44031000300300142（原编号：02080087）</td></tr>
<tr><td rowspan="2">树种</td><td colspan="5">中文名：水翁</td></tr>
<tr><td colspan="5">拉丁名：Cleistocalyx operculatus (Roxb.) Merr. et L. M. Perry　科：桃金娘科　属：水翁属</td></tr>
<tr><td rowspan="3">位置</td><td colspan="5">乡（镇、街道）：石井　村委会（居委会）：金龟　小地名：田作森林保护站下面小溪旁边</td></tr>
<tr><td colspan="5">生长场所：①乡村√ ②城区</td></tr>
<tr><td colspan="3">经度（WGS84 坐标系）：114.409726</td><td colspan="2">纬度（WGS84 坐标系）：22.664948</td></tr>
<tr><td>特点</td><td colspan="2">①散生√ ②群状</td><td>权属</td><td colspan="2">①国有√ ②集体 ③个人 ④其他</td></tr>
<tr><td>树龄</td><td colspan="5">估测树龄：100 年</td></tr>
<tr><td>古树等级</td><td>①一级 ②二级 ③三级√</td><td colspan="3">树高：10 m</td><td>胸围：229 cm</td></tr>
<tr><td>冠幅</td><td>平均：10.5 m</td><td colspan="3">东西：11 m</td><td>南北：10 m</td></tr>
<tr><td>生长势</td><td colspan="3">①正常株√ ②衰弱 ③濒危 ④死亡</td><td>生长环境</td><td>①好 ②中 ③差√</td></tr>
<tr><td>影响生长环境因素</td><td colspan="5">树干中空</td></tr>
<tr><td>管护单位</td><td colspan="3">石井街道办事处</td><td>管护人</td><td>石井街道办事处工作人员</td></tr>
<tr><td>树种鉴定记载</td><td colspan="5">由调查小组现场认定，并拍照记录相关信息</td></tr>
</table>

古树名木每木调查表

<table>
<tr><td>古树编号</td><td colspan="5">440310003003000144（原编号：02080089）</td></tr>
<tr><td rowspan="2">树种</td><td colspan="5">中文名：朴树</td></tr>
<tr><td colspan="5">拉丁名：Celtis sinensis Pers.　科：榆科　属：朴属</td></tr>
<tr><td rowspan="3">位置</td><td colspan="5">乡（镇、街道）：石井　村委会（居委会）：金龟　小地名：新塘村</td></tr>
<tr><td colspan="5">生长场所：①乡村√ ②城区</td></tr>
<tr><td colspan="3">经度（WGS84 坐标系）：114.413665</td><td colspan="2">纬度（WGS84 坐标系）：22.665277</td></tr>
<tr><td>特点</td><td colspan="2">①散生√ ②群状</td><td>权属</td><td colspan="2">①国有 ②集体√ ③个人 ④其他</td></tr>
<tr><td>树龄</td><td colspan="5">估测树龄：100 年</td></tr>
<tr><td>古树等级</td><td>①一级 ②二级 ③三级√</td><td colspan="3">树高：12 m</td><td>胸围：262 cm</td></tr>
<tr><td>冠幅</td><td>平均：16.5 m</td><td colspan="3">东西：17 m</td><td>南北：16 m</td></tr>
<tr><td>生长势</td><td colspan="3">①正常株√ ②衰弱 ③濒危 ④死亡</td><td>生长环境</td><td>①好√ ②中 ③差</td></tr>
<tr><td>影响生长环境因素</td><td colspan="5">枯枝断枝，有树洞</td></tr>
<tr><td>管护单位</td><td colspan="3">石井街道办事处</td><td>管护人</td><td>石井街道办事处工作人员</td></tr>
<tr><td>树种鉴定记载</td><td colspan="5">由调查小组现场认定，并拍照记录相关信息</td></tr>
</table>

古树名木每木调查表

古树编号	44031000300200135（原编号：02080048）		
树种	中文名：榕树		
	拉丁名：*Ficus microcarpa* L. f.　科：桑科　属：榕属		
位置	乡（镇、街道）：石井　村委会（居委会）：石井　小地名：横塘村 4 号		
	生长场所：①乡村√ ②城区		
	经度（WGS84 坐标系）：114.380928		纬度（WGS84 坐标系）：22.699650
特点	①散生√ ②群状	权属	①国有 ②集体√ ③个人 ④其他
树龄	估测树龄：120 年		
古树等级	①一级 ②二级 ③三级√	树高：14 m	胸围: 936 cm(120 cm 高分叉)
冠幅	平均：23.5 m	东西：23.5 m	南北：23.5 m
生长势	①正常株√ ②衰弱 ③濒危 ④死亡	生长环境	①好 ②中√ ③差
影响生长环境因素	断枝枯枝		
管护单位	石井街道办事处	管护人	石井街道办事处工作人员
树种鉴定记载	由调查小组现场认定，并拍照记录相关信息		

古树名木每木调查表

<table>
<tr><td>古树编号</td><td colspan="5">44031000300200136（原编号：02080049）</td></tr>
<tr><td rowspan="2">树种</td><td colspan="5">中文名：榕树</td></tr>
<tr><td colspan="5">拉丁名：Ficus microcarpa L. f.　科：桑科　　属：榕属</td></tr>
<tr><td rowspan="3">位置</td><td colspan="5">乡（镇、街道）：石井　　村委会（居委会）：石井　　小地名：横塘村 4 号</td></tr>
<tr><td colspan="5">生长场所：①乡村√ ②城区</td></tr>
<tr><td colspan="3">经度（WGS84 坐标系）：114.380881</td><td colspan="2">纬度（WGS84 坐标系）：22.699816</td></tr>
<tr><td>特点</td><td colspan="2">①散生√ ②群状</td><td>权属</td><td colspan="2">①国有 ②集体√ ③个人 ④其他</td></tr>
<tr><td>树龄</td><td colspan="5">估测树龄：120 年</td></tr>
<tr><td>古树等级</td><td>①一级 ②二级 ③三级√</td><td colspan="3">树高：13 m</td><td>胸围：471 cm</td></tr>
<tr><td>冠幅</td><td>平均：13.5 m</td><td colspan="3">东西：13 m</td><td>南北：14 m</td></tr>
<tr><td>生长势</td><td colspan="3">①正常株√ ②衰弱 ③濒危 ④死亡</td><td>生长环境</td><td>①好 ②中√ ③差</td></tr>
<tr><td>影响生长环境因素</td><td colspan="5">树下堆垃圾</td></tr>
<tr><td>管护单位</td><td colspan="3">石井街道办事处</td><td>管护人</td><td>石井街道办事处工作人员</td></tr>
<tr><td>树种鉴定记载</td><td colspan="5">由调查小组现场认定，并拍照记录相关信息</td></tr>
</table>

古树名木每木调查表

<table>
<tr><td>古树编号</td><td colspan="5">44031000300100131（原编号：02080044）</td></tr>
<tr><td rowspan="2">树种</td><td colspan="5">中文名：榕树</td></tr>
<tr><td colspan="5">拉丁名：Ficus microcarpa L. f.　科：桑科　属：榕属</td></tr>
<tr><td rowspan="3">位置</td><td colspan="5">乡（镇、街道）：石井　村委会（居委会）：田心　小地名：对面喊村，老屋后</td></tr>
<tr><td colspan="5">生长场所：①乡村√ ②城区</td></tr>
<tr><td colspan="3">经度（WGS84 坐标系）：114.413111</td><td colspan="2">纬度（WGS84 坐标系）：22.700297</td></tr>
<tr><td>特点</td><td colspan="2">①散生√ ②群状</td><td>权属</td><td colspan="2">①国有 ②集体√ ③个人 ④其他</td></tr>
<tr><td>树龄</td><td colspan="5">估测树龄：110 年</td></tr>
<tr><td>古树等级</td><td>①一级 ②二级 ③三级√</td><td colspan="3">树高：13 m</td><td>胸围：445 cm</td></tr>
<tr><td>冠幅</td><td>平均：14 m</td><td colspan="3">东西：13.5 m</td><td>南北：15.5 m</td></tr>
<tr><td>生长势</td><td colspan="3">①正常株√ ②衰弱 ③濒危 ④死亡</td><td>生长环境</td><td>①好√ ②中 ③差</td></tr>
<tr><td>影响生长环境因素</td><td colspan="5">有树洞</td></tr>
<tr><td>管护单位</td><td colspan="3">石井街道办事处</td><td>管护人</td><td>石井街道办事处工作人员</td></tr>
<tr><td>树种鉴定记载</td><td colspan="5">由调查小组现场认定，并拍照记录相关信息</td></tr>
</table>

古树名木每木调查表

古树编号	44031000300100132（原编号：02080045）			
树种	中文名：龙眼			
	拉丁名：*Dimocarpus longana* Lour.　科：无患子科　属：龙眼属			
位置	乡（镇、街道）：石井　村委会（居委会）：田心　小地名：对面喊村，老屋前面（靠路外侧）			
	生长场所：①乡村√ ②城区			
	经度（WGS84 坐标系）：114.412947		纬度（WGS84 坐标系）：22.699936	
特点	①散生√ ②群状	权属	①国有 ②集体 ③个人√ ④其他	
树龄	估测树龄：140 年			
古树等级	①一级 ②二级 ③三级√	树高：9.5 m		胸围：252 cm（90 cm 高分叉）
冠幅	平均：10 m	东西：10 m		南北：10 m
生长势	①正常株 ②衰弱√ ③濒危 ④死亡		生长环境	①好 ②中 ③差√
影响生长环境因素	树下堆满垃圾			
管护单位	石井街道办事处		管护人	石井街道办事处工作人员
树种鉴定记载	由调查小组现场认定，并拍照记录相关信息			

古树名木每木调查表

古树编号	44031000300100134（原编号：02080047）				
树种	中文名：龙眼				
	拉丁名：*Dimocarpus longana* Lour.　科：无患子科　属：龙眼属				
位置	里乡（镇、街道）：石井　村委会（居委会）：田心　小地名：对面喊村，老屋前面（靠路里侧）				
	生长场所：①乡村√ ②城区				
	经度（WGS84 坐标系）：114.412934		纬度（WGS84 坐标系）：22.699887		
特点	①散生√ ②群状	权属	①国有 ②集体 ③个人√ ④其他		
树龄	估测树龄：110 年				
古树等级	①一级 ②二级 ③三级√	树高：10.5 m		胸围：195 cm	
冠幅	平均：11.5 m	东西：12.5 m		南北：10.5 m	
生长势	①正常株 ②衰弱√ ③濒危 ④死亡		生长环境	①好 ②中 ③差√	
影响生长环境因素	树下堆满垃圾，有断枝和枯枝				
管护单位	石井街道办事处		管护人	石井街道办事处工作人员	
树种鉴定记载	由调查小组现场认定，并拍照记录相关信息				

古树名木每木调查表

<table>
<tr><td>古树编号</td><td colspan="5">44031000300100130（原编号：02080043）</td></tr>
<tr><td rowspan="2">树种</td><td colspan="5">中文名：榕树</td></tr>
<tr><td colspan="5">拉丁名：Ficus microcarpa L. f.　科：桑科　属：榕属</td></tr>
<tr><td rowspan="3">位置</td><td colspan="5">乡（镇、街道）：石井　村委会（居委会）：田心　小地名：对面喊村，入环境园区路口处</td></tr>
<tr><td colspan="5">生长场所：①乡村√ ②城区</td></tr>
<tr><td colspan="3">经度（WGS84 坐标系）：114.411820</td><td colspan="2">纬度（WGS84 坐标系）：22.700016</td></tr>
<tr><td>特点</td><td colspan="2">①散生√ ②群状</td><td>权属</td><td colspan="2">①国有 ②集体√ ③个人 ④其他</td></tr>
<tr><td>树龄</td><td colspan="5">估测树龄：120 年</td></tr>
<tr><td>古树等级</td><td>①一级 ②二级 ③三级√</td><td colspan="3">树高：14.5 m</td><td>胸围：385 cm</td></tr>
<tr><td>冠幅</td><td>平均：13.5 m</td><td colspan="3">东西：14 m</td><td>南北：13 m</td></tr>
<tr><td>生长势</td><td colspan="3">①正常株√ ②衰弱 ③濒危 ④死亡</td><td>生长环境</td><td>①好 ②中√ ③差</td></tr>
<tr><td>影响生长环境因素</td><td colspan="5">树下香火旺盛，有断枝和枯枝</td></tr>
<tr><td>管护单位</td><td colspan="3">石井街道办事处</td><td>管护人</td><td>石井街道办事处工作人员</td></tr>
<tr><td>树种鉴定记载</td><td colspan="5">由调查小组现场认定，并拍照记录相关信息</td></tr>
</table>

古树名木每木调查表

古树编号	44031000300100133（原编号：02080046）			
树种	中文名：龙眼			
	拉丁名：*Dimocarpus longana* Lour.　科：无患子科　属：龙眼属			
位置	乡（镇、街道）：石井　村委会（居委会）：田心　小地名：对面喊村，小卖部旁			
	生长场所：①乡村√ ②城区			
	经度（WGS84 坐标系）：114.414593		纬度（WGS84 坐标系）：22.700083	
特点	①散生√ ②群状	权属	①国有 ②集体 ③个人√ ④其他	
树龄	估测树龄：140 年			
古树等级	①一级 ②二级 ③三级√	树高：9 m		胸围：245 cm
冠幅	平均：10 m	东西：10 m		南北：10 m
生长势	①正常株 ②衰弱√ ③濒危 ④死亡		生长环境	①好 ②中 ③差√
影响生长环境因素	树身被搭建板房围蔽，生长空间受限			
管护单位	石井街道办事处		管护人	石井街道办事处工作人员
树种鉴定记载	由调查小组现场认定，并拍照记录相关信息			

古树名木每木调查表

<table>
<tr><td>古树编号</td><td colspan="5">44031000300100129（原编号：02080042）</td></tr>
<tr><td rowspan="2">树种</td><td colspan="5">中文名：樟树</td></tr>
<tr><td colspan="5">拉丁名：Cinnamomum camphora (L.) J.Presl.　科：樟科　属：樟属</td></tr>
<tr><td rowspan="3">位置</td><td colspan="5">乡（镇、街道）：石井　村委会（居委会）：田心　小地名：上洋窝村</td></tr>
<tr><td colspan="5">生长场所：①乡村√ ②城区</td></tr>
<tr><td colspan="3">经度（WGS84 坐标系）：114.412230</td><td colspan="2">纬度（WGS84 坐标系）：22.712223</td></tr>
<tr><td>特点</td><td colspan="2">①散生√ ②群状</td><td>权属</td><td colspan="2">①国有 ②集体√ ③个人 ④其他</td></tr>
<tr><td>树龄</td><td colspan="5">估测树龄：130 年</td></tr>
<tr><td>古树等级</td><td>①一级 ②二级 ③三级√</td><td colspan="3">树高：14 m</td><td>胸围：396 cm</td></tr>
<tr><td>冠幅</td><td>平均：16 m</td><td colspan="3">东西：16 m</td><td>南北：16 m</td></tr>
<tr><td>生长势</td><td colspan="3">①正常株 ②衰弱√ ③濒危 ④死亡</td><td>生长环境</td><td>①好 ②中 ③差√</td></tr>
<tr><td>影响生长环境因素</td><td colspan="5">有断枝和枯枝</td></tr>
<tr><td>管护单位</td><td colspan="3">石井街道办事处</td><td>管护人</td><td>石井街道办事处工作人员</td></tr>
<tr><td>树种鉴定记载</td><td colspan="5">由调查小组现场认定，并拍照记录相关信息</td></tr>
</table>

古树名木每木调查表

<table>
<tr><td>古树编号</td><td colspan="5">44031000300100145（原编号：02080162）</td></tr>
<tr><td rowspan="2">树种</td><td colspan="5">中文名：龙眼</td></tr>
<tr><td colspan="5">拉丁名：Dimocarpus longana Lour.　科：无患子科　属：龙眼属</td></tr>
<tr><td rowspan="3">位置</td><td colspan="5">乡（镇、街道）：石井　村委会（居委会）：田心　小地名：水祖坑老围 18 号民宅左侧</td></tr>
<tr><td colspan="5">生长场所：①乡村√ ②城区</td></tr>
<tr><td colspan="3">经度（WGS84 坐标系）：114.429019</td><td colspan="2">纬度（WGS84 坐标系）：22.696787</td></tr>
<tr><td>特点</td><td colspan="2">①散生√ ②群状</td><td>权属</td><td colspan="2">①国有 ②集体√ ③个人 ④其他</td></tr>
<tr><td>树龄</td><td colspan="5">估测树龄：110 年</td></tr>
<tr><td>古树等级</td><td>①一级 ②二级 ③三级√</td><td colspan="3">树高：9 m</td><td>胸围：166 cm</td></tr>
<tr><td>冠幅</td><td>平均：7 m</td><td colspan="3">东西：6 m</td><td>南北：8 m</td></tr>
<tr><td>生长势</td><td colspan="3">①正常株√ ②衰弱 ③濒危 ④死亡</td><td>生长环境</td><td>①好 ②中√ ③差</td></tr>
<tr><td>影响生长环境因素</td><td colspan="5">树池太小，影响根系伸展</td></tr>
<tr><td>管护单位</td><td colspan="3">石井街道办事处</td><td>管护人</td><td>石井街道办事处工作人员</td></tr>
<tr><td>树种鉴定记载</td><td colspan="5">由调查小组现场认定，并拍照记录相关信息</td></tr>
</table>

8. 坪山区古树信息汇总表（按编号顺序排列）

◆ 按照编号排序

编号	全市统一新编号（广东省）	原挂牌号	街道（办事处）	社区（工作站）	小地名	坐标
1	44031000100100003	02080003	坪山街道	六和社区	新和村，佳邦路2号（旧改地块）	经度：114.33969
2	44031000100100005	02080005	坪山街道	六和社区	新和村，培茧小学后山	经度：114.32987
3	44031000100100022	02080067	坪山街道	六和社区	中心公园，园路里面那株（内）	经度：114.34361
4	44031000100100023	02080068	坪山街道	六和社区	中心公园，园路外面那株（外）	经度：114.34364
5	44031000100100024	02080069	坪山街道	六和社区	政府大门西侧	经度：114.34656
6	44031000100100025	02080070	坪山街道	六和社区	政府院内	经度：114.34567
7	44031000100100026	02080071	坪山街道	六和社区	政府大门东侧（靠近交警大队）	经度：114.34662
8	44031000100100032	02080157	坪山街道	六和社区	飞西村，西北侧入口（一起三株的，左侧那株）	经度：114.33709
9	44031000100100033	02080158	坪山街道	六和社区	飞西村，西北侧入口（单独一株的）	经度：114.33706
10	44031000100100034	02080159	坪山街道	六和社区	飞西村，西北侧入口（一起三株的，右侧那株）	经度：114.33719
11	44031000100100035	02080160	坪山街道	六和社区	飞西村，西北侧入口（一起三株的，中间那株）	经度：114.33718
12	44031000100200004	02080004	坪山街道	六联社区	原六联村委前（现天桥下）	经度：114.33825
13	44031000100200006	02080006	坪山街道	六联社区	横岭塘，横岭塘小区内，小区广场	经度：114.32960
14	44031000100200007	02080007	坪山街道	六联社区	横岭塘，横岭塘小区内，小区广场	经度：114.32951
15	44031000100200008	02080008	坪山街道	六联社区	横岭塘，社会事务综合管理服务办公室，居委会	经度：114.33140
16	44031000100200009	02080009	坪山街道	六联社区	丰田村，社区服务站	经度：114.32353
17	44031000100200010	02080010	坪山街道	六联社区	丰田村，社区服务站	经度：114.32348
18	44031000100200011	02080011	坪山街道	六联社区	丰田村，社区服务站（靠近围墙的那一株）	经度：114.32357
19	44031000100200012	02080012	坪山街道	六联社区	丰田村，社区服务站	经度：114.32354
20	44031000100200013	02080013	坪山街道	六联社区	丰田村，社区服务站	经度：114.32337
21	44031000100200014	02080014	坪山街道	六联社区	丰田村，社区服务站	经度：114.32319
22	44031000100200015	02080015	坪山街道	六联社区	丰田村，社区服务站（靠近土地庙的那一株）	经度：114.32322
23	44031000100200018	02080035	坪山街道	六联社区	澳子头，东新世居，黄氏宗祠后	经度：114.31440
24	44031000100200027	02080072	坪山街道	六联社区	丰田村，社区服务站	经度：114.32316
25	44031000100200029	02080154	坪山街道	六联社区	横岭塘村，第一花园（东八巷16号前）	经度：114.330
26	44031000100300001	02080001	坪山街道	和平社区	马东村，立新西路75号对面	经度：114.34546

S-84）	中文名称	学名	科	属	估测树龄（年）	胸围（厘米）	保护等级	页码
度：22.697324	樟树	Cinnamomum camphora (L.) J. Presl	樟科	樟属	160	480	三级	152
度：22.707355	榕树	Ficus microcarpa L. f.	桑科	榕属	120	518	三级	153
度：22.709754	樟树	Cinnamomum camphora (L.) J. Presl	樟科	樟属	100	257	三级	157
度：22.709774	樟树	Cinnamomum camphora (L.) J. Presl	樟科	樟属	110	273	三级	158
度：22.710875	秋枫	Bischofia javanica Bl.	大戟科	秋枫属	150	339	三级	155
度：22.711242	秋枫	Bischofia javanica Bl.	大戟科	秋枫属	190	438	三级	156
度：22.711316	秋枫	Bischofia javanica Bl.	大戟科	秋枫属	190	288	三级	154
度：22.697317	水翁	Cleistocalyx operculatus (Roxb.) Merr. et L. M. Perry	桃金娘科	水翁属	130	152	三级	150
度：22.697248	水翁	Cleistocalyx operculatus (Roxb.) Merr. et L. M. Perry	桃金娘科	水翁属	130	313	三级	147
度：22.697343	水翁	Cleistocalyx operculatus (Roxb.) Merr. et L. M. Perry	桃金娘科	水翁属	130	175	三级	148
度：22.697316	水翁	Cleistocalyx operculatus (Roxb.) Merr. et L. M. Perry	桃金娘科	水翁属	130	170	三级	149
度：22.693829	榕树	Ficus microcarpa L.f.	桑科	榕属	130	396	三级	172
度：22.695503	榕树	Ficus microcarpa L.f.	桑科	榕属	120	606	三级	168
度：22.695707	榕树	Ficus microcarpa L.f.	桑科	榕属	120	681	三级	169
度：22.696688	榕树	Ficus microcarpa L.f.	桑科	榕属	130	290	三级	170
度：22.688335	水翁	Cleistocalyx operculatus (Roxb.) Merr. et L. M. Perry	桃金娘科	水翁属	120	234	三级	164
度：22.687976	榕树	Ficus microcarpa L.f.	桑科	榕属	120	517	三级	163
度：22.688063	秋枫	Bischofia javanica Bl.	大戟科	秋枫属	120	194	三级	167
度：22.687953	秋枫	Bischofia javanica Bl.	大戟科	秋枫属	110	186	三级	162
度：22.688021	朴树	Celtis sinensis Pers.	榆科	朴属	120	307	三级	161
度：22.688287	龙眼	Dimocarpus longana Lour.	无患子科	龙眼属	140	183	三级	160
度：22.688121	朴树	Celtis sinensis Pers.	榆科	朴属	120	260	三级	166
度：22.689178	榕树	Ficus microcarpa L. f.	桑科	榕属	110	404	三级	159
度：22.688170	樟树	Cinnamomum camphora (L.) J. Presl	樟科	樟属	110	326	三级	165
度：22.698017	榕树	Ficus microcarpa L.f.	桑科	榕属	200	592	三级	171
度：22.693970	榕树	Ficus microcarpa L.f.	桑科	榕属	210	629	三级	142

编号	全市统一新编号（广东省）	原挂牌号	街道（办事处）	社区（工作站）	小地名	坐标
27	44031000100300002	02080002	坪山街道	和平社区	马东村，立新西路 75 号对面	经度：114.34540
28	44031000100300016	02080016	坪山街道	和平社区	马西垃圾转运站北侧（靠近停车场）	经度：114.34310
29	44031000100300017	02080017	坪山街道	和平社区	马西垃圾转运站南侧	经度：114.34328
30	44031000100400019	02080039	坪山街道	坪山社区	三洋湖，三洋湖公园内	经度：114.35042
31	44031000100400020	02080040	坪山街道	坪山社区	三洋湖村，国兴寺院内	经度：114.34955
32	44031000100400021	02080041	坪山街道	坪山社区	三洋湖村，国兴寺院内	经度：114.34925
33	44031000100100030	02080155	坪山街道	六和社区	飞西村，西北侧入口，河边	经度：114.33751
34	44031000100300031	02080156	坪山街道	和平社区	桥西路 23 号门前（名人宾馆后侧）	经度：114.33859
35	44031000200100111	02080036	马峦街道	坪环社区	黄沙坑，坪兴三巷	经度：114.33600
36	44031000200200112	02080037	马峦街道	沙茔社区	谷仓吓村，比亚迪路北侧（比亚迪厂对面）	经度：114.36019
37	44031000200300113	02080038	马峦街道	江岭社区	江边村	经度：114.34862
38	44031000200300114	02080050	马峦街道	江岭社区	长守村 27 号旁	经度：114.36357
39	44031000200300115	02080051	马峦街道	江岭社区	长守村 36-2 号	经度：114.3647
40	44031000200300116	02080052	马峦街道	江岭社区	长守村 36-2 号	经度：114.3648
41	44031000200300117	02080053	马峦街道	江岭社区	长守村 36-2 号	经度：114.36492
42	44031000200300118	02080054	马峦街道	江岭社区	长守村 36-2 号	经度：114.36504
43	44031000200400120	02080056	马峦街道	马峦社区	径子村	经度：114.31020
44	44031000200400122	02080058	马峦街道	马峦社区	径子村	经度：114.31019
45	44031000200400123	02080059	马峦街道	马峦社区	新民村	经度：114.3275
46	44031000200400124	02080060	马峦街道	马峦社区	新民村，马峦老村委旁	经度：114.32904
47	44031000200400125	02080061	马峦街道	马峦社区	建和村，张屋	经度：114.3283
48	44031000200400126	02080062	马峦街道	马峦社区	红花岭村	经度：114.34852
49	44031000200400127	02080063	马峦街道	马峦社区	红花岭村	经度：114.34858
50	44031000200400128	02080064	马峦街道	马峦社区	红花岭村	经度：114.34859
51	44031000300100129	02080042	石井街道	田心社区	上洋窝村	经度：114.4122
52	44031000300100130	02080043	石井街道	田心社区	对面喊村，入环境园区路口处	经度：114.41182
53	44031000300100131	02080044	石井街道	田心社区	对面喊村，老屋后	经度：114.4131
54	44031000300100132	02080045	石井街道	田心社区	对面喊村，老屋前面（路边那株）	经度：114.41294
55	44031000300100133	02080046	石井街道	田心社区	对面喊村，小卖部旁	经度：114.41459
56	44031000300100134	02080047	石井街道	田心社区	对面喊村，老屋前面（路里侧那株）	经度：114.4129
57	44031000300100145	02080162	石井街道	田心社区	水祖坑老围 18 号民宅左侧	经度：114.4290
58	44031000300200135	02080048	石井街道	石井社区	横塘村 4 号	经度：114.38092

GS-84）	中文名称	学名	科	属	估测树龄（年）	胸围（厘米）	保护等级	页码
纬度：22.693958	榕树	Ficus microcarpa L.f.	桑科	榕属	110	197	三级	143
纬度：22.693088	榕树	Ficus microcarpa L.f.	桑科	榕属	140	575	三级	144
纬度：22.693013	榕树	Ficus microcarpa L.f.	桑科	榕属	110	360	三级	145
纬度：22.692058	榕树	Ficus microcarpa L.f.	桑科	榕属	130	420	三级	173
纬度：22.695005	榕树	Ficus microcarpa L.f.	桑科	榕属	130	603	三级	175
纬度：22.695132	白兰	Michelia alba DC.	木兰科	含笑属	130	401	三级	174
纬度：22.697185	榕树	Ficus microcarpa L.f.	桑科	榕属	110	664	三级	151
纬度：22.692672	榕树	Ficus microcarpa L.f.	桑科	榕属	120	533	三级	146
纬度：22.677347	榕树	Ficus microcarpa L.f.	桑科	榕属	130	519	三级	139
纬度：22.684033	榕树	Ficus microcarpa L.f.	桑科	榕属	120	476	三级	140
纬度：22.682487	榕树	Ficus microcarpa L.f.	桑科	榕属	120	433	三级	125
纬度：22.667378	榕树	Ficus microcarpa L.f.	桑科	榕属	100	405	三级	126
纬度：22.666208	龙眼	Dimocarpus longana Lour.	无患子科	龙眼属	150	276	三级	127
纬度：22.666379	龙眼	Dimocarpus longana Lour.	无患子科	龙眼属	150	226	三级	128
纬度：22.666356	龙眼	Dimocarpus longana Lour.	无患子科	龙眼属	100	180	三级	129
纬度：22.666318	龙眼	Dimocarpus longana Lour.	无患子科	龙眼属	110	250	三级	130
纬度：22.644052	樟树	Cinnamomum camphora (L.) J. Presl	樟科	樟属	120	411	三级	135
纬度：22.643995	樟树	Cinnamomum camphora (L.) J. Presl	樟科	樟属	120	361	三级	136
纬度：22.640119	龙眼	Dimocarpus longana Lour.	无患子科	龙眼属	180	172	三级	137
纬度：22.639022	龙眼	Dimocarpus longana Lour.	无患子科	龙眼属	150	193	三级	138
纬度：22.638171	樟树	Cinnamomum camphora (L.) J. Presl	樟科	樟属	150	277	三级	134
纬度：22.643112	人面子	Dracontomelon duperreanum Pierre	漆树科	人面子属	130	308	三级	132
纬度：22.643250	龙眼	Dimocarpus longana Lour.	无患子科	龙眼属	150	224	三级	131
纬度：22.643303	樟树	Cinnamomum camphora (L.) J. Presl	樟科	樟属	150	304	三级	133
纬度：22.712223	樟树	Cinnamomum camphora (L.) J. Presl	樟科	樟属	130	396	三级	190
纬度：22.700095	榕树	Ficus microcarpa L.f.	桑科	榕属	120	385	三级	188
纬度：22.700297	榕树	Ficus microcarpa L.f.	桑科	榕属	110	445	三级	185
纬度：22.699936	龙眼	Dimocarpus longana Lour.	无患子科	龙眼属	140	252	三级	186
纬度：22.700098	龙眼	Dimocarpus longana Lour.	无患子科	龙眼属	140	245	三级	189
纬度：22.699887	龙眼	Dimocarpus longana Lour.	无患子科	龙眼属	110	195	三级	187
纬度：22.696787	龙眼	Dimocarpus longana Lour.	无患子科	龙眼属	110	166	三级	191
纬度：22.699650	榕树	Ficus microcarpa L.f.	桑科	榕属	120	936	三级	183

编号	全市统一新编号（广东省）	原挂牌号	街道（办事处）	社区（工作站）	小地名	坐标
59	44031000300200136	02080049	石井街道	石井社区	横塘村 4 号	经度：114.38088
60	44031000300300139	02080084	石井街道	金龟社区	金龟庄园内	经度：114.39007
61	44031000300300140	02080085	石井街道	金龟社区	金成小区	经度：114.38972
62	44031000300300141	02080086	石井街道	金龟社区	田作森林保护站小溪旁边	经度：114.40933
63	44031000300300142	02080087	石井街道	金龟社区	田作森林保护站小溪旁边	经度：114.40972
64	44031000300300143	02080088	石井街道	金龟社区	田作森林保护站小溪旁边	经度：114.40946
65	44031000300300144	02080089	石井街道	金龟社区	新塘村	经度：114.41366
66	44031000400100085	02080019	碧岭街道	沙湖社区	复兴村，小厂区后面	经度：114.32309
67	44031000400100086	02080020	碧岭街道	沙湖社区	复兴村，原苗圃场内	经度：114.32264
68	44031000400100087	02080021	碧岭街道	沙湖社区	复兴村，原苗圃场内	经度：114.32257
69	44031000400100088	02080022	碧岭街道	沙湖社区	复兴村，原苗圃场小山坡	经度：114.32273
70	44031000400100089	02080023	碧岭街道	沙湖社区	新屋村，新屋路 1 号，新横坪公路汤坑段南侧	经度：114.31266
71	44031000400100090	02080024	碧岭街道	沙湖社区	新屋村，新屋路 1 号，新横坪公路汤坑段南侧	经度：114.31265
72	44031000400100091	02080025	碧岭街道	沙湖社区	新屋村，新屋路 1 号，新横坪公路汤坑段南侧	经度：114.31257
73	44031000400100092	02080026	碧岭街道	沙湖社区	新屋村，新屋路 1 号，新横坪公路汤坑段南侧	经度：114.31261
74	44031000400100093	02080027	碧岭街道	沙湖社区	新屋村，新屋路 1 号，新横坪公路汤坑段南侧	经度：114.31260
75	44031000400200094	02080028	碧岭街道	汤坑社区	碧岭街道办事处大院内	经度：114.30510
76	44031000400200095	02080030	碧岭街道	汤坑社区	碧岭街道社区公园山顶	经度：114.30501
77	44031000400200096	02080031	碧岭街道	汤坑社区	碧岭街道社区公园山顶	经度：114.30520
78	44031000400300099	02080034	碧岭街道	碧岭社区	上沙村，沙坑二路，园山寺观音庙大院	经度：114.27792
79	44031000400300101	02080163	碧岭街道	碧岭社区	上沙村，沙坑二路，园山寺观音庙后山	经度：114.27772
80	44031000400300102	02080164	碧岭街道	碧岭社区	上沙村，沙坑二路，园山寺观音庙后山	经度：114.27767
81	44031000400300103	02080165	碧岭街道	碧岭社区	上沙村，沙坑二路，园山寺观音庙后山	经度：114.27746
82	44031000400300104	02080166	碧岭街道	碧岭社区	上沙村，沙坑二路，园山寺观音庙后山	经度：114.27751
83	44031000400300105	02080167	碧岭街道	碧岭社区	上沙村，沙坑二路，园山寺观音庙后山	经度：114.27761
84	44031000400300106	02080168	碧岭街道	碧岭社区	上沙村，沙坑二路，园山寺观音庙后山	经度：114.27758

S-84）	中文名称	学名	科	属	估测树龄（年）	胸围（厘米）	保护等级	页码
度：22.699816	榕树	Ficus microcarpa L.f.	桑科	榕属	120	471	三级	184
度：22.660648	龙眼	Dimocarpus longana Lour.	无患子科	龙眼属	130	342	三级	178
度：22.661423	龙眼	Dimocarpus longana Lour.	无患子科	龙眼属	100	272	三级	177
度：22.664758	龙眼	Dimocarpus longana Lour.	无患子科	龙眼属	100	206	三级	179
度：22.664948	水翁	Cleistocalyx operculatus (Roxb.) Merr. et L. M. Perry	桃金娘科	水翁属	100	229	三级	181
度：22.664805	龙眼	Dimocarpus longana Lour.	无患子科	龙眼属	100	355	三级	180
度：22.665287	朴树	Celtis sinensis Pers.	榆科	朴属	100	262	三级	182
度：22.673125	龙眼	Dimocarpus longana Lour.	无患子科	龙眼属	160	157	三级	42
度：22.673579	水翁	Cleistocalyx operculatus (Roxb.) Merr. et L. M. Perry	桃金娘科	水翁属	110	411	三级	44
度：22.673746	榕树	Ficus microcarpa L.f.	桑科	榕属	120	454	三级	43
度：22.674315	榕树	Ficus microcarpa L.f.	桑科	榕属	110	647	三级	45
度：22.675001	龙眼	Dimocarpus longana Lour.	无患子科	龙眼属	210	134	三级	46
度：22.674988	龙眼	Dimocarpus longana Lour.	无患子科	龙眼属	160	285	三级	47
度：22.674966	龙眼	Dimocarpus longana Lour.	无患子科	龙眼属	120	150	三级	48
度：22.674971	龙眼	Dimocarpus longana Lour.	无患子科	龙眼属	130	197	三级	49
度：22.674969	龙眼	Dimocarpus longana Lour.	无患子科	龙眼属	140	152	三级	50
度：22.672198	樟树	Cinnamomum camphora (L.) J. Presl	樟科	樟属	130	332	三级	51
度：22.670789	樟树	Cinnamomum camphora (L.) J. Presl	樟科	樟属	120	338	三级	52
度：22.670816	樟树	Cinnamomum camphora (L.) J. Presl	樟科	樟属	120	337	三级	53
度：22.663436	榕树	Ficus microcarpa L.f.	桑科	榕属	210	742	三级	30
度：22.663132	荔枝	Litchi chinensis Sonn.	无患子科	荔枝属	110	201	三级	31
度：22.663105	荔枝	Litchi chinensis Sonn.	无患子科	荔枝属	160	220	三级	32
度：22.663121	荔枝	Litchi chinensis Sonn.	无患子科	荔枝属	130	257	三级	34
度：22.663081	荔枝	Litchi chinensis Sonn.	无患子科	荔枝属	110	168	三级	35
度：22.663034	荔枝	Litchi chinensis Sonn.	无患子科	荔枝属	110	190	三级	36
度：22.663075	荔枝	Litchi chinensis Sonn.	无患子科	荔枝属	130	305	三级	37

编号	全市统一新编号（广东省）	原挂牌号	街道（办事处）	社区（工作站）	小地名	坐标
85	44031000400300107	02080169	碧岭街道	碧岭社区	上沙村，沙坑二路，园山寺观音庙后山	经度：114.27752
86	44031000400300108	02080170	碧岭街道	碧岭社区	上沙村，沙坑二路，园山寺观音庙后山	经度：114.27760
87	44031000400300109	02080171	碧岭街道	碧岭社区	上沙村，沙坑二路，园山寺观音庙后山	经度：114.27767
88	44031000400300110	02080172	碧岭街道	碧岭社区	上沙村，沙坑二路，园山寺观音庙后山	经度：114.27767
89	44031000500100036	02080092	坑梓街道	秀新社区	东二村，人民西路 88 号	经度：114.37361
90	44031000500100037	02080093	坑梓街道	秀新社区	东二村，人民西路 88 号右转进去 50 米	经度：114.37390
91	44031000500100038	02080094	坑梓街道	秀新社区	东二村，新兴路 89 号	经度：114.374300
92	44031000500100040	02080096	坑梓街道	秀新社区	新桥围村，新乔世居 8 号外小桥	经度：114.37004
93	44031000500100041	02080097	坑梓街道	秀新社区	新桥围村，新乔世居 8 号外小桥	经度：114.37006
94	44031000500100042	02080098	坑梓街道	秀新社区	新桥围村，新乔世居 8 号外小桥	经度：114.374
95	44031000500100044	02080100	坑梓街道	秀新社区	新桥围村，新桥街 28 号隔壁	经度：114.372233
96	44031000500100045	02080101	坑梓街道	秀新社区	新桥围村，新乔巷 10 号后	经度：114.37114
97	44031000500100046	02080102	坑梓街道	秀新社区	新村公园，新村 9 号前	经度：114.36938
98	44031000500100047	02080103	坑梓街道	秀新社区	新村，园吓街 7 号	经度：114.36855
99	44031000500200048	02080104	坑梓街道	沙田社区	李屋中村，爱摩尔田园农庄门口	经度：114.40146
100	44031000500200049	02080105	坑梓街道	沙田社区	田脚水围村，颐田世居隔壁	经度：114.41011
101	44031000500200050	02080106	坑梓街道	沙田社区	田脚水围村，颐田世居林子内	经度：114.41041
102	44031000500200051	02080107	坑梓街道	沙田社区	田脚水围村，颐田世居林子内	经度：114.40994
103	44031000500200052	02080108	坑梓街道	沙田社区	田脚水围村，颐田世居林子内	经度：114.41028
104	44031000500200053	02080109	坑梓街道	沙田社区	田脚水围村，颐田世居林子内	经度：114.410645
105	44031000500200054	02080110	坑梓街道	沙田社区	田脚水围村，丹梓北路东侧空地（新建桥边）	经度：114.40950
106	44031000500200055	02080111	坑梓街道	沙田社区	田脚水围村，丹梓北路东侧空地（新建桥边）	经度：114.40895
107	44031000500200056	02080112	坑梓街道	沙田社区	田脚水围村，丹梓北路东侧空地（新建桥边）	经度：114.40886
108	44031000500200057	02080113	坑梓街道	沙田社区	田脚水围村，丹梓北路东侧空地（新建桥边）	经度：114.40900
109	44031000500200058	02080114	坑梓街道	沙田社区	田脚水围村，丹梓北路东侧空地（新建桥边）	经度：114.40891
110	44031000500200060	02080117	坑梓街道	沙田社区	下廖村，樟树园（南下）	经度：114.39367
111	44031000500200061	02080118	坑梓街道	沙田社区	下廖村，樟树园（南下）	经度：114.39359
112	44031000500200062	02080119	坑梓街道	沙田社区	下廖村，樟树园（南下）	经度：114.393529
113	44031000500200063	02080120	坑梓街道	沙田社区	下廖村，樟树园（南下）	经度：114.39371

S-84）	中文名称	学名	科	属	估测树龄（年）	胸围（厘米）	保护等级	页码
度：22.663071	荔枝	Litchi chinensis Sonn.	无患子科	荔枝属	160	214	三级	38
度：22.663021	荔枝	Litchi chinensis Sonn.	无患子科	荔枝属	130	173	三级	39
度：22.663058	荔枝	Litchi chinensis Sonn.	无患子科	荔枝属	120	159	三级	40
度：22.653146	荔枝	Litchi chinensis Sonn.	无患子科	荔枝属	210	219	三级	41
度：22.749276	榕树	Ficus microcarpa L. f.	桑科	榕属	270	701	三级	91
度：22.748948	榕树	Ficus microcarpa L. f.	桑科	榕属	270	725	三级	93
度：22.748627	榕树	Ficus microcarpa L. f.	桑科	榕属	150	512	三级	94
度：22.748927	榕树	Ficus microcarpa L. f.	桑科	榕属	210	220	三级	99
度：22.7488678	榕树	Ficus microcarpa L. f.	桑科	榕属	210	233	三级	100
度：22.748913	笔管榕	Ficus subpisocarpa Gagnep.	桑科	榕属	130	247	三级	98
度：22.750522	榕树	Ficus microcarpa L. f.	桑科	榕属	140	398	三级	102
度：22.750255	榕树	Ficus microcarpa L. f.	桑科	榕属	210	575	三级	101
度：22.750689	榕树	Ficus microcarpa L. f.	桑科	榕属	130	464	三级	97
度：22.750567	榕树	Ficus microcarpa L. f.	桑科	榕属	130	456	三级	95
度：22.778107	榕树	Ficus microcarpa L. f.	桑科	榕属	370	803	二级	56
度：22.759047	榕树	Ficus microcarpa L. f.	桑科	榕属	160	601	三级	63
度：22.759075	红鳞蒲桃	Syzygium hancei Merr. et L. M. Perry	桃金娘科	蒲桃属	120	172	三级	64
度：22.759092	红鳞蒲桃	Syzygium hancei Merr. et L. M. Perry	桃金娘科	蒲桃属	110	110	三级	65
度：22.759011	红鳞蒲桃	Syzygium hancei Merr. et L. M. Perry	桃金娘科	蒲桃属	170	185	三级	66
度：22.758957	红鳞蒲桃	Syzygium hancei Merr. et L. M. Perry	桃金娘科	蒲桃属	160	145	三级	67
度：22.760032	榕树	Ficus microcarpa L. f.	桑科	榕属	120	340	三级	62
度：22.760629	杧果	Mangifera indica L.	漆树科	杧果属	160	203	三级	61
度：22.760402	龙眼	Dimocarpus longana Lour.	无患子科	龙眼属	140	166	三级	58
度：22.760410	龙眼	Dimocarpus longana Lour.	无患子科	龙眼属	130	121	三级	59
度：22.760383	龙眼	Dimocarpus longana Lour.	无患子科	龙眼属	130	132	三级	60
度：22.764511	榕树	Ficus microcarpa L. f.	桑科	榕属	110	303	三级	79
度：22.764562	樟树	Cinnamomum camphora (L.) J. Presl	樟科	樟属	110	235	三级	81
度：22.764536	樟树	Cinnamomum camphora (L.) J. Presl	樟科	樟属	110	201	三级	82
度：22.764816	水翁	Cleistocalyx operculatus (Roxb.) Merr. et L. M. Perry	桃金娘科	水翁属	120	181	三级	80

编号	全市统一新编号（广东省）	原挂牌号	街道（办事处）	社区（工作站）	小地名	坐标
114	44031000500200064	02080121	坑梓街道	沙田社区	下廖村，樟树园（南下）	经度：114.39355
115	44031000500200065	02080122	坑梓街道	沙田社区	下廖村，樟树园（南下）	经度：114.39348
116	44031000500200066	02080123	坑梓街道	沙田社区	下廖村，樟树园（南下）	经度：114.39346
117	44031000500200067	02080124	坑梓街道	沙田社区	下廖村，樟树园（南下）	经度：114.39339
118	44031000500200068	02080125	坑梓街道	沙田社区	下廖村，樟树园（南上）	经度：114.39337
119	44031000500200069	02080126	坑梓街道	沙田社区	下廖村，樟树园（南上）	经度：114.39338
120	44031000500200070	02080127	坑梓街道	沙田社区	下廖村，樟树园（南上）	经度：114.39329
121	44031000500200071	02080128	坑梓街道	沙田社区	下廖村，樟树园（南上）	经度：114.39328
122	44031000500200072	02080129	坑梓街道	沙田社区	下廖村，樟树园（南上）	经度：114.393245
123	44031000500200073	02080131	坑梓街道	沙田社区	下廖村，樟树园（南上）	经度：114.39335
124	44031000500200074	02080132	坑梓街道	沙田社区	下廖村，樟树园（北）	经度：114.39318
125	44031000500200075	02080133	坑梓街道	沙田社区	下廖村，樟树园（北）	经度：114.39315
126	44031000500200076	02080134	坑梓街道	沙田社区	下廖村，樟树园（北）	经度：114.39301
127	44031000500200077	02080135	坑梓街道	沙田社区	下廖村，樟树园（北）	经度：114.39321
128	44031000500200078	02080146	坑梓街道	沙田社区	下廖村，樟树园（南下）	经度：114.39324
129	44031000500200079	02080147	坑梓街道	沙田社区	下廖村，樟树园（南下），靠近新房子	经度：114.39356
130	44031000500200080	02080148	坑梓街道	沙田社区	下廖村，樟树园（南下）	经度：114.39378
131	44031000500200081	02080149	坑梓街道	沙田社区	下廖村，樟树园（南下）	经度：114.39374
132	44031000500200082	02080150	坑梓街道	沙田社区	下廖村，樟树园（南上）	经度：114.39298
133	44031000500300083	02080161	坑梓街道	金沙社区	长隆村，长隆三区 4 号后侧	经度：114.38827
134	44031000600100156	02080136	龙田街道	老坑社区	西坑村，盘龙路 49 号	经度：114.36241
135	44031000600100157	02080137	龙田街道	老坑社区	松子坑村，松子坑路 9 号	经度：114.35231
136	44031000600100158	02080138	龙田街道	老坑社区	松子坑村，松子坑路 9 号	经度：114.35233
137	44031000600100159	02080139	龙田街道	老坑社区	盘古石村，五丰路	经度：114.35796
138	44031000600100160	02080140	龙田街道	老坑社区	盘古石村，五丰路	经度：114.35794
139	44031000600100161	02080141	龙田街道	老坑社区	井水龙村，废品收集站	经度：114.36903
140	44031000600200162	02080142	龙田街道	龙田社区	大水湾村，金龙湾山庄	经度：114.36037
141	44031000600200163	02080143	龙田街道	龙田社区	大水湾村，金龙湾山庄	经度：114.35954
142	44031000600200164	02080144	龙田街道	龙田社区	新屋村 43 号门前	经度：114.35521
143	44031000600200165	02080145	龙田街道	龙田社区	龙湖村，同富裕小区一巷 11 号	经度：114.35706

GS-84）	中文名称	学名	科	属	估测树龄（年）	胸围（厘米）	保护等级	页码
度：22.764863	樟树	Cinnamomum camphora (L.) J. Presl	樟科	樟属	110	228	三级	83
度：22.764932	樟树	Cinnamomum camphora (L.) J. Presl	樟科	樟属	110	199	三级	84
度：22.764864	樟树	Cinnamomum camphora (L.) J. Presl	樟科	樟属	110	268	三级	85
度：22.7650228	樟树	Cinnamomum camphora (L.) J. Presl	樟科	樟属	110	323	三级	86
度：22.765232	樟树	Cinnamomum camphora (L.) J. Presl	樟科	樟属	120	259	三级	73
度：22.765371	樟树	Cinnamomum camphora (L.) J. Presl	樟科	樟属	120	243	三级	74
度：22.765482	樟树	Cinnamomum camphora (L.) J. Presl	樟科	樟属	120	222	三级	75
度：22.765361	樟树	Cinnamomum camphora (L.) J. Presl	樟科	樟属	110	180	三级	76
度：22.765268	樟树	Cinnamomum camphora (L.) J. Presl	樟科	樟属	120	421	三级	77
度：22.765622	榕树	Ficus microcarpa L. f.	桑科	榕属	120	311	三级	72
度：22.766671	樟树	Cinnamomum camphora (L.) J. Presl	樟科	樟属	120	263	三级	68
度：22.766730	樟树	Cinnamomum camphora (L.) J. Presl	樟科	樟属	110	259	三级	69
度：22.766568	樟树	Cinnamomum camphora (L.) J. Presl	樟科	樟属	110	411	三级	70
度：22.766169	樟树	Cinnamomum camphora (L.) J. Presl	樟科	樟属	190	227	三级	71
度：22.7654408	樟树	Cinnamomum camphora (L.) J. Presl	樟科	樟属	110	226	三级	87
度：22.764670	樟树	Cinnamomum camphora (L.) J. Presl	樟科	樟属	110	190	三级	90
度：22.764067	樟树	Cinnamomum camphora (L.) J. Presl	樟科	樟属	100	218	三级	88
度：22.764842	樟树	Cinnamomum camphora (L.) J. Presl	樟科	樟属	100	194	三级	89
度：22.7656058	樟树	Cinnamomum camphora (L.) J. Presl	樟科	樟属	100	241	三级	78
度：22.7484375	樟树	Cinnamomum camphora (L.) J. Presl	樟科	樟属	150	436	三级	54
度：22.733194	榕树	Ficus microcarpa L. f.	桑科	榕属	160	857	三级	108
度：22.722759	笔管榕	Ficus subpisocarpa Gagnep.	桑科	榕属	140	435	三级	106
度：22.722729	樟树	Cinnamomum camphora (L.) J. Presl	樟科	樟属	130	367	三级	107
度：22.727338	樟树	Cinnamomum camphora (L.) J. Presl	樟科	樟属	110	322	三级	104
度：22.727378	樟树	Cinnamomum camphora (L.) J. Presl	樟科	樟属	120	229	三级	105
度：22.737736	榕树	Ficus microcarpa L. f.	桑科	榕属	210	432	三级	103
度：22.757129	榕树	Ficus microcarpa L. f.	桑科	榕属	260	536	三级	109
度：22.757208	榕树	Ficus microcarpa L. f.	桑科	榕属	260	534	三级	110
度：22.761832	榕树	Ficus microcarpa L. f.	桑科	榕属	130	676	三级	112
度：22.758068	榕树	Ficus microcarpa L. f.	桑科	榕属	140	535	三级	111

编号	全市统一新编号（广东省）	原挂牌号	街道（办事处）	社区（工作站）	小地名	坐标
144	44031000600300146	02080074	龙田街道	竹坑社区	茜坑村大王爷庙	经度：114.40328
145	44031000600300147	02080075	龙田街道	竹坑社区	三栋村东兴饭店后，金竹路262号进去右拐	经度：114.37849
146	44031000600400148	02080076	龙田街道	南布社区	燕子岭村，盈富家园	经度：114.36500
147	44031000600400149	02080077	龙田街道	南布社区	燕子岭村，盈富家园	经度：114.36501
148	44031000600400150	02080078	龙田街道	南布社区	燕子岭村，盈富家园	经度：114.36500
149	44031000600400151	02080079	龙田街道	南布社区	燕子岭村，盈富家园	经度：114.36507
150	44031000600400152	02080080	龙田街道	南布社区	南布村，恩达厂后门，宏昌路38号	经度：114.36442
151	44031000600400153	02080081	龙田街道	南布社区	南布村，恩达厂后门，宏昌路34号	经度：114.36412
152	44031000600400154	02080082	龙田街道	南布社区	南布村，黄屋背，上南路19号	经度：114.36295
153	44031000600400155	02080083	龙田街道	南布社区	南布村，张屋背，上南路35号后山	经度：114.36330

S-84）	中文名称	学名	科	属	估测树龄（年）	胸围（厘米）	保护等级	页码
度：22.713755	榕树	Ficus microcarpa L. f.	桑科	榕属	150	385	三级	122
度：22.714833	龙眼	Dimocarpus longana Lour.	无患子科	龙眼属	150	360	三级	123
度：22.706061	水翁	Cleistocalyx operculatus (Roxb.) Merr. et L. M. Perry	桃金娘科	水翁属	100	247	三级	121
度：22.745925	榕树	Ficus microcarpa L. f.	桑科	榕属	100	488	三级	117
度：22.705856	榕树	Ficus microcarpa L. f.	桑科	榕属	100	627	三级	119
度：22.706435	榕树	Ficus microcarpa L. f.	桑科	榕属	100	406	三级	120
度：22.701027	榕树	Ficus microcarpa L. f.	桑科	榕属	150	577	三级	114
度：22.701347	榕树	Ficus microcarpa L. f.	桑科	榕属	150	608	三级	113
度：22.703267	榕树	Ficus microcarpa L. f.	桑科	榕属	150	404	三级	115
度：22.703848	榕树	Ficus microcarpa L. f.	桑科	榕属	170	607	三级	116

9. 相关法律法规

9.1 城市古树名木保护管理办法

关于印发《城市古树名木保护管理办法》的通知

建城 [2000]192 号

各省、自治区、直辖市建委（建设厅），直辖市园林局，计划单列市建委，深圳市城管办：

为切实加强城市古树名木保护管理工作，我部制定了《城市古树名木保护管理办法》，现印发给你们，请认真贯彻执行。

中华人民共和国建设部

二〇〇〇年九月一日

第一条 为切实加强城市古树名木的保护管理工作，制定本办法。

第二条 本办法适用于城市规划区内和风景名胜区的古树名木保护管理。

第三条 本办法所称的古树，是指树龄在 100 年以上的树木。

本办法所称的名木，是指国内外稀有的以及具有历史价值和纪念意义及重要科研价值的树木。

第四条 古树名木分为一级和二级。

凡树龄在 300 年以上，或者特别珍贵稀有，具有重要历史价值和纪念意义，重要科研价值的古树名木，为一级古树名木；其余为二级古树名木。

第五条 国务院建设行政主管部门负责全国城市古树名木保护管理工作。

省、自治区人民政府建设行政主管部门负责本行政区域内的城市古树名木保护管理工作。

城市人民政府城市园林绿化行政主管部门负责本行政区域内城市古树名木保护管理工作。

第六条 城市人民政府城市园林绿化行政主管部门应当对本行政区域内的古树名木进行调查、鉴定、定级、登记、编号，并建立档案，设立标志。

一级古树名木由省、自治区、直辖市人民政府确认，报国务院建设行政主管部门备案；二级古树名木由城市人民政府确认，直辖市以外的城市报省、自治区建设行政主管部门备案。

城市人民政府园林绿化行政主管部门应当对城市古树名木，按实际情况分株制定养护、管理方案，落实养护责任单位、责任人，并进行检查指导。

第七条 古树名木保护管理工作实行专业养护部门保护管理和单位、个人保护管理相结合的原则。

生长在城市园林绿化专业养护管理部门管理的绿地、公园等的古树名木，由城市园林绿化专业养护管理部门保护管理；

生长在铁路、公路、河道用地范围内的古树名木，由铁路、公路、河道管理部门保护管理；

生长在风景名胜区内的古树名木，由风景名胜区管理部门保护管理；

散生在各单位管界内及个人庭院中的古树名木，由所在单位和个人保护管理。

变更古树名木养护单位或者个人，应当到城市园林绿化行政主管部门办理养护责任转移手续。

第八条 城市园林绿化行政主管部门应当加强对城市古树名木的监督管理和技术指导，积极组织开展对古树名木的科学研究，推广应用科研成果，普及保护知识，提高保护和管理水平。

第九条 古树名木的养护管理费用由古树名木责任单位或者责任人承担。

抢救、复壮古树名木的费用，城市园林绿化行政主管部门可适当给予补贴。

城市人民政府应当每年从城市维护管理经费、城市园林绿化专项资金中划出一定比例的资金用于城市古树名木的保护管理。

第十条 古树名木养护责任单位或者责任人应按照城市园林绿化行政主管部门规定的养护管理措施实施保护管理。古树名木受到损害或者长势衰弱，养护单位和个人应当立即报告城市园林绿化行政主管部门，由城市园林绿化行政主管部门组织治理复壮。

对已死亡的古树名木，应当经城市园林绿化行政主管部门确认，查明原因，明确责任并予以注销登记后，方可进行处理。处理结果应及时上报省、自治区建设行政部门或者直辖市园林绿化行政主管部门。

第十一条 集体和个人所有的古树名木，未经城市园林绿化行政主管部门审核，并报城市人民政府批准的，不得买卖、转让。捐献给国家的，应给予适当奖励。

第十二条 任何单位和个人不得以任何理由、任何方式砍伐和擅自移植古树名木。

因特殊需要，确需移植二级古树名木的，应当经城市园林绿化行政主管部门和建设行政主管部门审查同意后，报省、自治区建设行政主管部门批准；移植一级古树名木的，应经省、自治区建设行政主管部门审核，报省、自治区人民政府批准。

直辖市确需移植一、二级古树名木的，由城市园林绿化行政主管部门审核，报城市人民政府批准移植所需费用，由移植单位承担。

第十三条 严禁下列损害城市古树名木的行为：

（一）在树上刻划、张贴或者悬挂物品；

（二）在施工等作业时借树木作为支撑物或者固定物；

（三）攀树、折枝、挖根摘采果实种子或者剥损树枝、树干、树皮；

（四）距树冠垂直投影5米的范围内堆放物料、挖坑取土、兴建临时设施建筑、倾倒有害污水、污物垃圾，动用明火或者排放烟气；

（五）擅自移植、砍伐、转让买卖。

第十四条 新建、改建、扩建的建设工程影响古树名木生长的，建设单位必须提出避让和保护措施。城市规划行政部门在办理有关手续时，要征得城市园林绿化行政部门的同意，并报城市人民政府批准。

第十五条 生产、生活设施等生产的废水、废气、废渣等危害古树名木生长的，有关单位和个人必须按照城市绿化行政主管部门和环境保护部门的要求，在限期内采取措施，清除危害。

第十六条 不按照规定的管理养护方案实施保护管理，影响古树名木正常生长，或者古树名木已受损害或者衰弱，其养护管理责任单位和责任人未报告，并未采取补救措施导致古树名木死亡的，由城市园林绿化行政主管部门按照《城市绿化条例》第二十七条规定予以处理。

第十七条 对违反本办法第十一条、十二条、十三条、十四条规定的，由城市园林绿化行政主管部门按照《城市绿化条例》第二十七条规定，视情节轻重予以处理。

第十八条 破坏古树名木及其标志与保护设施，违反《中华人民共和国治安管理处罚条例》的，由公安机关给予处罚，构成犯罪的，由司法机关依法追究刑事责任。

第十九条 城市园林绿化行政主管部门因保护、整治措施不力，或者工作人员玩忽职守，致使古树名木损伤或者死亡的，由上级主管部门对该管理部门领导给予处分；情节严重、构成犯罪的，由司法机关依法追究刑事责任。

第二十条 本办法由国务院建设行政主管部门负责解释。

第二十一条 本办法自发布之日起施行。

9.2 古树名木普查技术规范

ICS 65.020.20
B61

LY

中华人民共和国林业行业标准

LY/T 2738—2016

古树名木普查技术规范

Technical regulation for surveying of old and notable trees

（标准发布稿）

本电子版为标准发布稿，请以中国标准出版社出版的正式标准文本为准

2016-10-19 发布　　2017-01-01 实施

国家林业局 发布

LY/T 2738-2016

目　次

LY/T 2738-2016

前　　言

本标准按照GB/T1.1—2009给出的规则起草。

本标准由国家林业局科技司归口。

本标准起草单位：中国林学会、南京林业大学、国家林业局造林绿化管理司。

本标准主要起草人：方炎明、刘合胜、潘兵、许晓岗、张强、王枫、马莎、李彦、王秀珍

LY/T 2738-2016

古树名木普查技术规范

1 范围

本标准规定了古树名木普查的术语和定义、总则、普查技术环节、普查前期准备、现场每木观测与调查、古树群现场观测与调查、内业整理、数据核查、录入与上报和资料存档等技术规定。

本标准适用于中华人民共和国范围内除东北内蒙古国有林区原始林分、西南西北国有林区原始林分和自然保护区以外的古树名木的普查工作。

2 规范性引用文件

下列文件对于本文件的应用是必不可少的。凡是注日期的引用文件，仅所注日期的版本适用于本文件。凡是不注日期的引用文件，其最新版本（包括所有的修改单）适用于本文件。

LY/T1664 古树名木代码与条码

LY/T1439 森林资源代码

《森林资源档案管理办法》（林资〔1985〕232号）

古树名木鉴定规范

3 术语和定义

下列术语和定义适用于本标准。

3.1

古树 old tree

指树龄在100年以上的树木。

3.2

名木 notable tree

指具有重要历史、文化、观赏与科学价值或具有重要纪念意义的树木。

3.3

胸围 bust

指树木根颈以上离地面1.3m处的周长；分枝点低于1.3m的乔木，在靠近分支点处测量；藤本及灌木测量地围。

3.4

树高 tree height

指树木根颈以上从地面到树梢之间的高度。

3.5

平均冠幅 average crown width

指树冠东西和南北两个方向垂直投影平均宽度。

3.6

生长势 growth potential

指树木生长发育的旺盛程度和潜在能力，用叶片、枝条和树干的生长状态来表征。

3.7

古树群 community of old trees

指一定区域范围内由一个或多个树种组成、相对集中生长、形成特定生境的古树群体。

4 总则

4.1 普查周期

每10年进行一次全国性的古树名木普查，地方可根据实际需要适时组织资源普查。

4.2 普查内容

（1）古树名木资源数量、种类和分布的总体情况与动态；
（2）古树名木的树种、树龄、保护级别、生长地点、生长环境和生长状态；
（3）古树名木的生态、历史、文化、观赏和科学价值；
（4）古树名木保护与管理状况。

4.3 普查的总体要求

（1）普查以县（市、区）为单位，逐村、逐单位、逐株进行全覆盖实地实测，不留死角；
（2）普查数据要全面、真实、准确；
（3）建立完整的古树名木普查档案，包括文字、影像和电子档案；
（4）运用现代信息化手段，建立古树名木管理信息系统，实现对古树名木的动态监测与跟踪管理。

5 普查技术环节

古树名木普查包括以下技术环节：普查前期准备、现场观测与调查、内业整理、数据录入、上报、核查和资料存档。

6 普查前期准备

6.1 技术人员与技术培训

古树名木普查的现场观测与调查技术人员中，应有熟悉树木分类、测树和仪器操作的林业专业技术人员。普查的内业整理技术人员中，应有熟悉计算机操作的林业或计算机专业技术人员。

层层开展技术培训，培训内容应包括相关技术规范、仪器和器材的使用、现场观测与调查、内业整理、数据录入、上报、核查和资料存档等内容。

6.2 普查器材准备

现场观测与调查应准备地理定位、测树和摄影摄像器材。地理定位器材包括全球卫星定位系统、全站仪、坡度仪和海拔仪等；测树器材包括测高器、测高杆、皮卷尺和胸径尺等。

内业整理器材包括电脑、打印机和古树名木管理信息系统软件等。

6.3 普查辅助资料准备

准备《中国树木志》等工具书。收集上一次普查数据，对上一次普查数据进行全面分析和核实，对缺项因子做好补充观测准备。收集地方志、族谱、历史名人游记和其他历史文献资料。收集本地森林资源清查相关树种的树干解析资料以及其他技术资料。

7 现场每木观测与调查

现场观测与调查以县（市、区）为实施单位，要求对县（市、区）范围内的单株古树名木进行现场观测，确定树种、树龄、位置、权属、生长势、保护价值、保护现状等，并填写《古树名木每木调查表》（附录 A 表 A.1）。

7.1 编号与地理定位

古树名木编号由 11 位阿拉伯数字组成。前 6 位为调查地的邮政编码，要求同时记录省（自治区、直辖市）、市（地、州）、县（市、区）名称；后 5 位为调查顺序号，由各乡镇（街道）统一核定。

地理定位要求记录树木的具体位置，要求准确填写小地名，位于单位内的可填单位名称，标注具体分布区域，并利用全球卫星定位系统和全站仪进行精确定位。生长场所分为乡村和城区。分布特点分为散生和群状。权属调查应据实确定树木属于国有、集体、个人或者其他。

7.2 树种、树龄和生长势鉴定

树种鉴定应观察鉴定对象的营养器官(茎、叶)和繁殖器官(花、果)形态、解剖特征和生长特性，根据《中国树木志》等工具书的形态描述和检索表，鉴定出树木的科、属、种。对于存疑古树名木和新增古树，由调查人员采集标本以及不同器官（花、果实、叶、树干）照片，由县（市、区）组织专业技术人员根据标本进行鉴定；县（市、区）无法确定的，将照片送市（地、州）进行鉴定，以此类推。特别重要的古树名木，请专家现场鉴定。

树龄鉴定应按以下先后顺序，采用文献追踪法、年轮与直径回归估测法、针测仪测定法、年轮鉴定法、CT 扫描测定法和碳 14 测定法进行判定，并视为真实年龄；上述鉴定方法仍未解决的，可采用访谈估测法判定，并视为估测年龄。

生长势鉴定根据古树叶片、枝条和树干的生长状态划分为正常、衰弱、濒危、死亡四级（表1）。

表1 古树生长势分级标准

生长势级别	叶片	枝条	树干
正常株	正常叶片量占叶片总量 95%以上	枝条生长正常、新梢数量多，无枯枝枯梢	树干基本完好，无坏死

衰弱株	正常叶片量占叶片总量 95% ~ 50%	新梢生长偏弱，枝条有少量枯死	树干局部有损伤或少量坏死
濒危株	正常叶片量占叶片总量 50%以下	枝条枯死较多	树干大部分坏死，干朽或成空洞
死亡株	无正常叶片	枝条枯死，无新梢和萌条	树干枯死

7.3 测树

树高测定采用测高器或测高杆实测，以米为单位，读数至小数点后 1 位。胸径采用胸径尺实测，以厘米为单位，读数至整数位；同时记录胸围读数，读数至整数位；分枝点低于 1.3m 的乔木，在靠近分支点处测量；藤本及灌木测量地径和地围。冠幅分东西和南北两个方向量测，以树冠垂直投影确定冠幅宽度，采用皮卷尺实测，计算平均数，以米为单位，读数至整数位。

7.4 古树等级确认与名木鉴定

根据年龄鉴定结果确定古树等级，树龄达到 500 年以上的树木定为一级古树，树龄在 300 ~ 499 年的树木定为二级古树，树龄在 100 ~ 299 年的树木定为三级古树。

名木鉴定采用实物证据鉴定法、书面证据鉴定法或口头证据鉴定法。有确凿植树证据的，应记录名木栽植的具体年月日和植树人全名。

7.5 立地条件测定

坡向和坡度实测可采用手持 GPS 和坡度仪。坡向为古树名木的地面朝向，分为 9 种，划分标准如表 2。坡度分为 6 级，划分标准如表 3。坡位分脊部、上部、中部、下部、山谷和平地 6 种。土壤名称根据中国土壤分类系统分为 10 种。土壤紧密度分极紧密、紧密、中等、较疏松、疏松 5 种。

表 2 坡向划分标准

北　坡：方位角 338° ～ 22°	东北坡：方位角 23° ～ 67°
东　坡：方位角 68° ～ 112°	东南坡：方位角 113° ～ 157°
南　坡：方位角 158° ～ 202°	西南坡：方位角 203° ～ 247°
西　坡：方位角 248° ～ 292°	西北坡：方位角 293° ～ 337°
无坡向：坡度 ＜5°的地段	

表 3 坡度划分标准

Ⅰ级为平坡：＜ 5°；	Ⅱ级为缓坡：　5° ～ 14°	Ⅲ级为斜坡：　15° ～ 24°；
Ⅳ级为陡坡：25° ～ 34°；	Ⅴ级为急坡：35° ～ 44°	Ⅵ级为险坡：　≥45°。

7.6 历史资料调查

通过查阅有关文献档案或听取当地人口述，简明记载群众中、历史上流传的对该树的各种故事，以及与其有关的名人轶事或历史文化信息等，字数300字以内。

7.7 养护、管理与保护状态调查

（1）管护者调查：调查具体负责管护古树名木的单位或个人；无单位或个人管护的，应具体说明。

（2）受害情况调查：调查是否有病虫害、雷击、雪害及其他危害症状。

（3）保护现状调查：调查是否有避雷针、护栏、支撑、封堵树洞、砌树池、包树箍、树池透气铺装或其他保护措施。

（4）养护复壮现状调查：调查是否有复壮沟、渗井、通气管、幼树靠接、土壤改良、叶面施肥或其他养护复壮措施。

7.8 其他调查内容

（1）生长环境调查：可根据立地条件和人为干扰程度划分为良好、中等、差3级。

（2）新增古树名木调查：新增古树名木的原因，包括树龄增长、上次遗漏和异地移植3种情况。

（3）树木奇特性状调查：包括奇特形状和奇特叶色等观赏性状。

7.9 现场观测与调查结果的记录

在进行上述现场观测与调查的同时，调查人员应记录观测与调查结果，详实填写《古树名木每木调查表》（附录A表A.1）。对于树种存疑的古树名木，应填写《现场观测与调查存疑树种鉴定表》（附录B表B.1）。

7.10 照片及说明

调查人员应提取古树名木全景彩照，照片要清晰自然地突出古树的全貌。照片编号与古树名木编号要一致。照片如有特殊情况需说明的，应做简单说明，字数50字以内。

8 古树群现场观测与调查

群状分布的古树若符合古树群定义的，应进行古树群现场观测与调查。古树群现场观测与调查除进行单株古树的现场观测与调查内容以外，还需要附加以下观察内容：主要树种、面积、古树株数、林分平均高度、林分平均胸径(地径)、平均树龄、郁闭度、下木、地被物、管护现状、人为经营活动情况、目的保护树种和管护单位等。古树群调查结果应填写《古树群调查表》（附录C表C.1）。

9 内业整理

9.1 确定古树名木特征代码

参照执行《古树名木代码与条码》（LY/T1664）。单株古树名木的特征代码由22位数字组成，包括古树名木标识代码、级别代码、种类代码、树龄代码、树高代码、胸围（地围）代码、冠幅代码、生长势代码和生长环境代码（表4）。

表4 古树名木特征代码表

组成码段	占位符	说明
古树名木标识代码	X_1	古树为1，名木为2，既是古树又是名木为3
级别代码	X_2	用1位数字表示
种类代码	$X_3X_4X_5X_6$	描述古树名木的种类，用4位数字表示，采用LY/T1439中树木种类的代码。
树龄代码	$X_7X_8X_9X_{10}$	古树名木的树龄，用4位数字表示，名木用8888表示。
树高代码	$X_{11}X_{12}X_{13}$	为古树名木的树高测量值，以米（m）为单位计至小数点后1位，用3位数字表示
胸围（地围）代码	$X_{14}X_{15}X_{16}X_{17}$	为古树名木的胸围测量值，以厘米（cm）为单位，计至整数，用4位数字表示
冠幅代码	$X_{18}X_{19}X_{20}$	为古树名木冠幅测量平均值，以米（m）为单位，计至整数，用3位数字表示
生长势代码	X_{21}	表示古树名木的生长情况，正常、衰弱、濒危、死亡分别表示为1、2、3、4
生长环境代码	X_{22}	表示古树名木分生长环境情况，好、中、差分别表示为1、2、3
注：按照实际测量值编制特征代码。不必描述或代码值不足以填满规定位数的，可用“0”按补足位。LY/T1439中没有记载的树种，可用“9999”暂时代替。		

9.2 统计汇总

县（市、区）在完成现场观测与调查的基础上，对调查数据进行汇总，并填写《古树名木清单》（附录D表D.1）。

10 数据核查、录入与上报

10.1 县级古树名木数据核查、录入与上报

县（市、区）现场观测与调查、内业整理结束后，应进行自检。自检内容包括各项调查因子、树种鉴定和漏查漏报情况等。

县（市、区）普查数据资料经县（市、区）普查领导小组审查论证后，录入古树名木管理系统，将纸质版和电子版上报到市（地、州）。报送资料包括：全部《古树名木每木调查表》、《古树群调查表》、需要上级鉴定的树种标本、照片和对应的《现场观测与调查存疑树种鉴定表》；县（市、区）古树名木清单；县（市、区）古树名木普查总结。

10. 2 市级古树名木数据核查与上报

市(地、州)对县（市、区）普查数据进行汇总和核查，核查的内容包括调查因子、树种鉴定和数据录用的准确率、漏查漏报情况等。核查数据经市(地、州)普查领导小组审查论证后，将纸质版和电子版上报到省（自治区、直辖市）。报送资料包括：全部《古树名木每木调查表》、《古树群调查表》；需要上级鉴定的树种标本、照片和对应的《现场观测与调查存疑树种鉴定表》；市（地、州）古树名木清单；市（地、州）古树名木普查总结。

10.3 省级古树名木数据核查与上报

省（自治区、直辖市）对市（地、州）普查数据进行汇总和核查。核查的内容包括调查因子、树种鉴定和数据录用的准确率、漏查漏报情况等。省（自治区、直辖市）在核查的基础上，形成《省（自治区、直辖市）古树名木分类株数统计表》（附录 E 表 E.1）、《省（自治区、直辖市）古树名木目录》（附录 E 表 E.2）和《省（自治区、直辖市）古树名木分树种株数统计表》（附录 E 表 E.3）。各省（自治区、直辖市）普查领导小组在完成核查的基础上，将上述报表和《古树名木每木调查表》（附录表 A.1）、《古树群调查表》（附录表 C.1）、《古树名木清单》（附录表 D.1）,通过全国绿化委员会办公室提供的古树名木信息管理系统上报全国绿化委员会办公室。

11　资料存档

11.1　普查档案建立

县（市、区）、市（地、州）、省（自治区、直辖市）各级普查工作结束后，应建立完整的普查档案，包括普查文字、影像和电子档案，并由专人管理。

11.2　普查档案管理

古树名木属于森林资源的范畴，古树名木资料存档参照《森林资源档案管理办法》进行管理，严格执行档案借阅、保密等管理制度，杜绝档案资料丢失。

附录 A

（规范性附录）

古树名木每木调查表

表 A.1 古树名木每木调查表

古树编号		县(市、区)	调查顺序号
树　种	中文名　　　　俗名		
	拉丁名　　　　科　　　　属		
位置	乡镇(街道)　　　　村(居委会)　　　　小地名		
	生长场所：乡村　城区　　　分布特点：散生　群状		
	经度(WGS-84 坐标系) 纬度(WGS-84 坐标系)	权属：国有　集体　个人　其他	
特征代码			
树龄	真实树龄：　　　　年	估测树龄：　　　　年	
古树等级	一级　二级　三级	树高　　　米	胸（地）围　　　厘米
冠幅	平均　　　米	东西　　　米	南北　　　米
立地条件	海拔　　坡向	坡度　　度　坡位　　部	土壤类型
生长势	正常　衰弱　濒危　死亡	生长环境	好　中　差
影响生长环境因素			
新增古树名木原因	树龄增长　遗漏树木　异地移植		
古树历史（限 300 字）			
管护单位(个人)		管护人	
树木奇特性状描述			
树种鉴定记载			
保护现状	避雷针　护栏　支撑　封堵树洞　砌树池　包树箍　树池透气铺装　其他		
养护复壮现状	复壮沟　渗井　通气管　幼树靠接　土壤改良　叶面施肥　其他		
照片及说明			

调查人：　　　　日期：　　　　审核人：　　　　日期：

附录 B
（规范性附录）
现场观测与调查存疑树种鉴定表

表 B.1 现场观测与调查存疑树种鉴定表

<table>
<tr><td rowspan="4">标本采集记载</td><td colspan="2">标本产地</td><td colspan="4">乡镇（街道） 村（居委会）</td></tr>
<tr><td colspan="2">调查号</td><td colspan="4"></td></tr>
<tr><td colspan="2">采集人</td><td></td><td>采集日期</td><td colspan="2">年 月 日</td></tr>
<tr><td colspan="2">标本部位打“√”表示</td><td>枝</td><td>叶</td><td>花</td><td>果</td></tr>
<tr><td rowspan="6">原处理记载</td><td rowspan="6">是否鉴定打“√”表示</td><td rowspan="3">县（市、区）</td><td>鉴定人</td><td></td><td>职称</td><td></td></tr>
<tr><td>日期</td><td></td><td>中文名</td><td></td></tr>
<tr><td>拉丁名</td><td colspan="3"></td></tr>
<tr><td rowspan="3">市（地、州）</td><td>鉴定人</td><td></td><td>职称</td><td></td></tr>
<tr><td>日期</td><td></td><td>中文名</td><td></td></tr>
<tr><td>拉丁名</td><td colspan="3"></td></tr>
<tr><td colspan="7">鉴定记录</td></tr>
<tr><td rowspan="2">鉴定结果</td><td>中文名</td><td></td><td>科</td><td></td><td>属</td><td></td></tr>
<tr><td>拉丁名</td><td colspan="5"></td></tr>
<tr><td>主要识别特征</td><td colspan="6"></td></tr>
<tr><td colspan="2">鉴定人</td><td></td><td>职称</td><td></td><td>日期</td><td>年 月 日</td></tr>
</table>

附录 C
（规范性附录）
古树群调查表

表 C.1 古树群调查表

__________省（区、市）__________市（地、州）____________县（区、市）

<table>
<tr><td rowspan="2">地点</td><td></td><td>主要树种</td><td colspan="3"></td></tr>
<tr><td>四周界限</td><td colspan="4"></td></tr>
<tr><td>面　积</td><td>公顷</td><td>古树株数</td><td colspan="3"></td></tr>
<tr><td>林分平均高度</td><td>米</td><td>林分平均胸径(地径)</td><td colspan="3">厘米</td></tr>
<tr><td>平均树龄</td><td>年</td><td>郁闭度</td><td colspan="3"></td></tr>
<tr><td>海　拔</td><td>米 ~ 　米</td><td>坡度</td><td>度</td><td>坡向</td><td></td></tr>
<tr><td>土壤类型</td><td></td><td>土层厚度</td><td colspan="3">厘米</td></tr>
<tr><td>下　木</td><td colspan="5">种类：　　　　　　　　　　密度：</td></tr>
<tr><td>地被物</td><td colspan="5">种类：　　　　　　　　　　密度：</td></tr>
<tr><td>管护现状</td><td colspan="5"></td></tr>
<tr><td>人为经营活动情况</td><td colspan="5"></td></tr>
<tr><td>目的保护树种</td><td colspan="5">科　　　　　属</td></tr>
<tr><td>管护单位</td><td colspan="5"></td></tr>
<tr><td>保护建议</td><td colspan="5"></td></tr>
<tr><td>备　注</td><td colspan="5"></td></tr>
</table>

调查人：　　　　日期：　　　　审核人：　　　　日期：

附录D

（规范性附录）

古树名木清单

表D.1 古树名木清单

__________省（区、市）__________市（地、州）____________县（市、区）

序号	乡（镇）		树种	树龄	古树			名木	有无标本
	名称	调查号			一级	二级	三级		

附录 E

（规范性附录）

省级古树名木统计表

表 E. 1 省（自治区、直辖市）古树名木分类株数统计表

市(地、州)	总计	古树名木					区域			权属					生长势				生长场所			生长环境			
合计	计	一级	二级	三级	名木	计	城市	农村	计	国有	集体	个人	其他	计	正常株	衰弱株	濒危株	计	乡村	城区	计	良	中	差	计

填表人：　　　　日期：　　　　审核人：　　　　日期：

附录 E

（规范性附录）

省级古树名木统计表

表 E.2 省（自治区、直辖市）古树名木目录

__________省（自治区、直辖市）

编号	中文名	俗名	拉丁名	树龄	树高	胸径（地径）	冠幅	具体生长位置	管护责任单位（人）	备注
1										
2										
3										
4										
5										
6										
7										
8										
9										
10										

备注：树高、冠幅（平均值）单位米(m)；胸径单位厘米（cm）。

附录 E

（规范性附录）

省级古树名木统计表

表 E.3 省（自治区、直辖市）古树名木分树种株数统计表

省（自治区、直辖市）	合计	科	属	种	树种 1	树种 2	树种 3	树种 4	树种 5

备注：树种 1—树种 5 是指古树名木数量排在前 5 位的古树名木。

填表人：　　　　日期：　　　　审核人：　　　　日期：

9.3 古树名木鉴定规范

ICS 65.020.20
B61

LY

中华人民共和国林业行业标准

LY/T 2737—2016

古树名木鉴定规范

Regulation for identification of old and notable trees

（标准发布稿）

本电子版为标准发布稿，请以中国标准出版社出版的正式标准文本为准

2016-10-19 发布 2017-01-01 实施

国家林业局 发布

LY/T 2737—2016

目　次

前　言

本标准按照 GB/T1.1—2009 给出的规则起草。

本标准由国家林业局科技司归口。

本标准起草单位：中国林学会、南京林业大学、国家林业局造林绿化管理司。

本标准主要起草人：方炎明、刘合胜、潘兵、许晓岗、袁发银、王枫、马莎、李彦、伍振锴。

LY/T 2737—2016

古树名木鉴定规范

1 范围

本标准规定了古树名木的术语和定义、古树分级和名木范畴、古树现场鉴定、名木现场鉴定、古树名木现场鉴定技术要求等技术规定。

本标准适用于中华人民共和国范围内古树名木的鉴定工作。

2 规范性引用文件

下列文件对于本文件的应用是必不可少的。凡是注日期的引用文件，仅所注日期的版本适用于本文件。凡是不注日期的引用文件，其最新版本（包括所有的修改单）适用于本文件。

《全国绿化委员会关于加强保护古树名木工作的决定》（全绿字〔1996〕7号）

《全国古树名木普查建档技术规定》（ 全绿字〔2001〕15号）

3 术语和定义

下列术语和定义适用于本标准。

3.1

古树 old tree

指树龄在100年以上的树木。

3.2

名木 notable tree

指具有重要历史、文化、观赏与科学价值或具有重要纪念意义的树木。

3.3

胸围 bust

指树木根颈以上离地面1.3m处的周长；分枝点低于1.3m的乔木，在靠近分支点处测量；藤本及灌木测量地围。

3.4

树高 tree height

指树木根颈以上从地面到树梢之间的高度。

3.5

平均冠幅 average crown width

指树冠东西和南北两个方向垂直投影平均宽度。

3.6

生长势 growth potential

指树木生长发育的旺盛程度和潜在能力，用叶片、枝条和树干的生长状态来表征。

4 古树分级和名木范畴

4.1 古树分级

古树分为三级，树龄500年以上的树木为一级古树，树龄在300～499年的树木为二级古树，树龄在100～299年的树木为三级古树。

4.2 名木范畴

名木不受树龄限制，不分级。符合下列条件之一的树木属于名木的范畴：

（1）国家领袖人物、外国元首或著名政治人物所植树木；

（2）国内外著名历史文化名人、知名科学家所植或咏题的树木；

（3）分布在名胜古迹、历史园林、宗教场所、名人故居等，与著名历史文化名人或重大历史事件有关的树木；

（4）列入世界自然遗产或世界文化遗产保护内涵的标志性树木；

（5）树木分类中作为模式标本来源的具有重要科学价值的树木；

（6）其他具有重要历史、文化、观赏和科学价值或具有重要纪念意义的树木。

5 古树现场鉴定

5.1 树种鉴定

观察鉴定对象营养器官(茎、叶)和繁殖器官(花、果)形态、解剖特征和生长特性，根据《中国树木志》等工具书的形态描述和检索表，鉴定出树木的科、属、种，并提供拉丁名和中文名。

5.2 树龄鉴定

根据树木健康状况、当地技术条件、设备条件和历史档案资料情况，在不影响树木生长的前提下，按以下先后顺序，选择合适的方法进行树龄鉴定：

（1）文献追踪法：查阅地方志、族谱、历史名人游记和其他历史文献资料，获得相关的书面证据，推测树木年龄。

（2）年轮与直径回归估测法：利用本地（本气候区）森林资源清查中同树种的树干解析资料，或利用贮木场同树种原木进行树干解析，获得年轮和直径数据，建立年轮与直径回归模型，计算和推测古树的年龄。

（3）访谈估测法：凭借实地考察和走访当地老人，获得口头证据，推测树木大致年龄。

（4）针测仪测定法：通过针测仪的钻刺针，测量树木的钻入阻抗，输出古树生长状况波形图，鉴定树木的年龄。

（5）年轮鉴定法：用生长锥钻取待测树木的木芯，将木芯样本晾干、固定和打磨，通过人工或树木年轮分析仪判读树木年轮，依据年轮数目来推测树龄。

（6）CT扫描测定法：通过树干被检查部位的断面立体图像，根据年轮数目鉴定树木的年龄。

（7）碳14测定法：通过测量树木样品中碳14衰变的程度鉴定树木的年龄。

5.3 生长势鉴定

根据古树叶片、枝条和树干的生长状态划分为正常、衰弱、濒危、死亡四级（表1）。

表1 古树生长势分级标准

生长势级别	叶片	枝条	树干
正常株	正常叶片量占叶片总量95%以上	枝条生长正常、新梢数量多，无枯枝枯梢	树干基本完好，无坏死
衰弱株	正常叶片量占叶片总	新梢生长偏弱，枝条有	树干局部有损伤或少量坏

	量95%～50%	少量枯死	死
濒危株	正常叶片量占叶片总量50%以下	枝条枯死较多	树干大部分坏死，干朽或成空洞
死亡株	无正常叶片	枝条枯死，无新梢和萌条	树干枯死

6 名木现场鉴定

6.1 名木鉴定方法

判定树木是否属于名木范畴，可分别采用以下鉴定方法：

（1）实物证据鉴定法：根据名胜古迹、历史园林、宗教场所和名人故居等等分布地点的树木和建筑实物及其图片，判定树木是否属于名木范畴；

（2）书面证据鉴定法：根据科学文献、新闻报道、文史档案中的记载等书面证据及其图片，判定树木是否属于名木范畴。

（3）口头证据鉴定法：根据了解植树历史相关人员的口头证据，判定树木是否属于名木范畴。

6.2 树种鉴定

同5.1 树种鉴定。

6.3 树龄鉴定

同5.2 树龄鉴定。

6.4 生长势鉴定

同5.3 生长势鉴定。

7 古树名木现场鉴定技术要求

7.1 鉴定人员要求

鉴定小组由 3 名以上相关专业人员组成，其中至少 1 人具有高级职称。

7.2 鉴定意见

古树名木现场鉴定后须出具《古树名木鉴定意见书》（见附录A表A.1），并附照片和电子图片，同时提交古树和名木的技术档案。

附录 A
（规范性附录）
古树名木鉴定意见书

表 A.1 古树名木鉴定意见书

古树名木鉴定结果	中文名		俗名	
	拉丁名		科	属
	地理位置： 县(市、区) 乡镇(街道) 村(居委会) 组			
	权属	国有 集体 个人 其他		
	经度(WGS-84 坐标系)：		纬度(WGS-84 坐标系)：	
	海拔 米		坡向	坡度
	树高 米		土壤类型	
	胸（地）围 厘米		土层厚度 厘米	
	冠幅(东西向) 米	冠幅(南北向) 米	平均冠幅 米	
	树木年龄		生长势等级	
	鉴定结果		级古树 ； 名木	
鉴定过程	（包括鉴定时间、鉴定方法、样品处理、关键技术措施等）			
照片信息	（包括照片数量、编号、拍摄人等信息）			
历史文化价值				
鉴定组意见	鉴定组长签字： 年 月 日			

9.4 古树名木管养维护技术规范

ICS 070.080
B62

SZDB/Z

深 圳 市 标 准 化 指 导 性 技 术 文 件

SZDB/Z 190-2016

古树名木管养维护技术规范

The Technical Specification for Routine Maintenance and Management of Ancient and Famous Plants

2016-06-28 发布　　2016-08-01 实施

深圳市市场监督管理局 发布

SZDB/Z 190-2016

目　次

SZDB/Z 190-2016

前　言

本规范按照GB/T 1.1-2009 给出的规则起草。

本规范由深圳市城市管理局提出并归口。

本规范起草单位：深圳市园林研究中心、中国科学院华南植物园、深圳市北林苑景观及建筑规划设计院有限公司、深圳市城管局园林与林业处、深圳市绿化管理处。

本规范主要起草人：易绮斐、梁治宇、何昉、陈萃、邢福武、史正军、徐艳、刘东明、田文婧。

本规范为首次发布。

SZDB/Z 190-2016

古树名木管养维护技术规范

1 范围

本规范规定了深圳市古树名木养护中的日常管理、日常养护、复壮措施等技术要求。

本规范适用于深圳市域内所有古树名木的日常管养，古树的后续资源亦可参照执行。

2 规范性引用文件

下列文件对于本文件的应用是必不可少的。凡是注日期的引用文件，仅注日期的版本适用于本文件。凡是不注日期的引用文件，其最新版本（包括所有的修改单）适用于本文件。

CJJ82-2012　园林绿化工程施工及验收规范

DB440300/T34-1999　园林绿化管养规范

DB44/T268-2005　城市绿地养护技术规范

DB44/T269-2005　城市绿地养护质量标准

DB440300/T 26-2003 木本园林植物修剪技术规范

3 术语和定义

下列术语和定义适用于本规范。

3.1

古树 ancient tree

树龄在 100 年以上的木本植物。具体参照全国绿化委员会、国家林业局 2001 年颁布的《全国古树名木普查建档技术规定》（全绿字[2001]15 号）

3.2

名木 famous tree

稀有珍贵木本植物、具有历史价值、科研价值或者重要纪念意义的木本植物。具体参照全国绿化委员会、国家林业局 2001 年颁布的《全国古树名木普查建档技术规定》（全绿字[2001]15 号）

3.3

古树的后续资源 ancient tree follow-up resources

树龄在 80 年以上 100 年以下的木本植物。

3.4

古树名木分级　ancient tree & famous tree classification

古树分为国家一、二、三级，500年以上（含500年）为国家一级古树树龄，300-499年之间为国家二级古树树龄，100-299年之间为国家三级古树树龄。

国家级名木不受年龄限制，不分级。

具体参照全国绿化委员会、国家林业局2001年颁布的《全国古树名木普查建档技术规定》（全绿字[2001]15号）

3.5

树冠投影　tree crown projection

树冠投影是指树冠向地面垂直投影形成的影区。

3.6

根系分布区　root distribution area

根系能达到的区域，一般为树冠直径的1～3倍。

3.7

机械损伤 mechanical damage

一般是指由于人为、机械外力等因素对古树树干、树皮造成的创伤，是严重影响古树生长的不利因素之一。

3.8

生长势 growth potential

植株生长的强弱，泛指植株生长快慢、枝叶色泽、枝叶繁茂与否，以及其健壮程度等。

3.9

复壮 rejuvenation

对生长衰弱或濒危的古树采取改善生长条件、促进生长、恢复生长势的措施。

3.10

复壮基质 nutritive soil for rejuvenation

根据古树立地条件人工配制的营养土，能增补古树生长必需的营养元素，具有促进古树生长的作用。

3.11

古树根灌助壮剂 medicine to help root rejuvenation for ancient tree

由稀土元素和微量元素按适宜的比例配制而成的能促进古树根系生长、提高古树生长势的药剂。

3.12

土壤有害物质 harmful substances in soil

指土壤中含有对古树生长不利的物质，如高盐、强碱、酸类，重金属、油污等。

4 调查登记

4.1 调查核实

4.1.1 每五年由市园林绿化管理部门组织对全市古树名木进行普查核实和查缺补漏，填写古树名木每木调查表 （见附录A），对缺失或死亡的古树名木注明原因并备案。

4.1.2 每年由辖区园林绿化管理部门对本辖区登记在册的古树名木进行核查，持续观察古树名木生长状况，做好逐年的养护记录，详细记录每年采取的养护措施、后续养护效果，填写古树名木养护记录表（见附录B）。

4.2 编号

古树名木编号统一为8位码，由4位市、区识别码(见表1) + 4位树木顺序编码组成。树木编码时，按照树木所在地相对位置，从北到南、从东到西顺序排列。新增古树名木按照上述排列方式依次后续排序。对死亡的古树名木，应经市园林绿化主管部门查明原因，注销后，方可进行处理，其编号不再使用。

表1 深圳市10个行政区和新区管委会古树名木辖区识别码

福田区	罗湖区	盐田区	南山区	宝安区	龙岗区	光明新区	坪山新区	龙华新区	大鹏新区
0201	0202	0203	0204	0205	0206	0207	0208	0209	0210

4.3 建立档案

建立完整、全面的古树名木保护档案，内容包括全市(区) 在册古树名木名录、古树名木每木调查表及其照片、每年的养护记录表等。

4.4 设立标志

4.4.1 辖区园林绿化主管部门应为每株古树名木设立坚固耐用的标识。

4.4.2 标识牌正面内容包括：树木名称（包括中文名和拉丁学名）、科属、编号、树龄、保护级别、挂牌单位和日期等，标识牌背面（或侧面）内容包括：管理责任单位、联系电话等。

4.4.3 对具有特殊或重要意义的古树名木，可根据景观需要增加对古树名木相关历史和传说的详细介绍。

5 管理职责

5.1 古树名木所处地域的权属单位、企业和居民，为该古树名木的日常监护责任人；在公共空间或没有明确权属用地上的古树名木，辖区园林绿化主管部门为该古树名木的日常监护责任人。

5.2 监护人需确保古树名木的保护范围不受侵占，在发现古树名木保护范围被侵占或其他异常情况时应及时向辖区园林绿化主管部门汇报。

5.3 辖区园林绿化主管部门负责辖区内所有古树名木的管理，对所有古树名木开展定期巡视、保健复壮和档案管理，对古树名木的具体监护责任人员进行技术指导和支援，确保每一株古树名木均得到规范的管养和护理。

6 养护管理

6.1 巡查

管理单位需根据辖区的古树名木分布情况，定期进行巡查，要求每年对同一株古树至少巡查2次；对刚迁移或复壮，以及周边有建设工程的古树要加强巡查，至少每半个月巡查1次。在台风前或大雨季节期，管理单位应安排人员进行巡查，及时发现和消除安全隐患。每次巡查后，管理人员需填写日常养护登记表。

6.2 保护

6.2.1 划定保护范围

管理单位应根据古树名木的株型、生境划定保护范围。古树名木的保护范围宜为树冠垂直投影线外拓5米以内的区域，最小不应小于植株地径的3倍。在古树名木保护范围内的所有施工项目应得到市级园林绿化主管部门的许可。

6.2.2 保护立地环境

禁止在古树名木保护范围内倾倒淤泥、垃圾、建筑废渣、堆砌杂物、焚烧垃圾或排放污水、污物等。监管单位要及时清理古树名木保护范围内的垃圾，清除植株周边的杂灌木，确保古树名木保护范围内没有不透水的硬质铺装，以及植株基部没有被垃圾或黄土掩埋。

6.2.3 树体保护

禁止在树体上钉钉子、悬挂电线杂物、缠绕铁丝绳索等行为。监护责任人需及时清理树体上的杂物，并使用波尔多液等伤口处理剂对树体上创口进行处理，以防创口感染。

6.2.4 禁止损坏古树名木，未经主管部门批准不得砍伐、迁移古树名木。

6.3 修剪

在日常巡查中发现植株有枯枝、病虫枝和荫生枝的，监管单位要及时组织修剪，修剪时要确保切口平整，修剪后创面应使用波尔多液等伤口处理剂进行处理，具体可参照DB440300/T 26-2003。

6.4 有害生物防治

6.4.1 常见虫害防治

6.4.1.1 常见的古树虫害有：灰白蚕蛾、樟蚕、斜纹夜蛾、秋枫木蠹蛾、埃及吹绵蚧、蚧壳虫、天牛、白蚁等。

6.4.1.2 养护人员应根据害虫为害特性，通过叶面、枝条和树干的受害情况，根据附录C判断为害程度，并通过化学防治、物理防治和生物防治等综合防治措施，及时开展防治工作，将虫害为害率控制在10%以下。

6.4.2 常见病害防治

6.4.2.1 常见的古树病害有：基干腐病、枝枯病、炭疽病、煤污病、白粉病等。

6.4.2.2 养护人员应根据病害症状，准确判断病害种类，参照附录D，通过修剪切除、涂抹波尔多液或喷洒多菌灵等杀菌剂的措施，及时开展防治工作，确保古树病害得到有效控制。

6.4.3 其他有害生物的防治

6.4.2.1 古树其他有害生物有：薇甘菊、日本菟丝子、广寄生、桑寄生、附生榕属植物等。

6.4.2.2 养护人员发现古树名木上有上述寄生和绞杀植物时，应尽早清除。剪除带有寄生植物的枝条，并在创口处使用波尔多液等伤口处理剂进行处理。清除后应反复多次检查、清理，以达到根除的效果。

6.5 自然灾害防护

6.5.1 台风防护

6.5.1.1 台风季节，管理人员应根据古树名木的生长情况设置临时或永久性的支护结构，提高古树名木抵御强风的能力。

6.5.1.2 在强风中发生折断和倒伏的古树名木要及时修剪和扶正，并使用波尔多液等伤口处理剂进行创面处理。加强后期跟踪管护，提高植株的成活率和生长势。

6.5.2 雷击防护

在多雷地区，针对树体高大的古树，特别是树龄在 300 年以上的、珍稀的古树名木，宜设置避雷装置，保护古树不受雷击。

6.5.3 积涝消除

对地处低洼易积水处的古树，应在树穴周围开设排水沟，及时排干积水，避免长期水浸，影响古树名木根系的生长活力。

7 复壮

7.1 需要复壮的条件

根据树体的实际情况分类确定需要复壮的古树，符合如下条件之一即可。

a）树冠的大部分枝叶或大枝干枯，树势衰弱；

b）树体不稳或重度倾斜，并有倒伏的趋势；

c）主干的木质部腐烂严重或已中空；

d）根际土壤板结严重或土壤中含有害物质，树势衰弱。

7.2 实施要求

7.2.1 综合现场诊断和测试分析结果，制定具体的复壮方案。

7.2.2 复壮方案应经专家组论证同意后方可实施。

7.2.3 复壮工程应由具有专业资质的单位进行施工。

7.2.4 复壮工程完成后，应由相关主管部门组织专家进行验收。

7.2.5 辖区主管部门定期检查，建立古树名木复壮后的技术档案。

7.3 复壮措施

7.3.1 整形修剪

7.3.1.1 应尽量保持古树名木原有的景观和风貌，一般不宜作较大的整形修剪，只有在古树名木出现大型病虫枝或断裂、病虫枝威胁到周边人员、环境安全时，方进行必要的整形修剪。

7.3.1.2 整形修剪的方法

a） 全面勘查古树名木中大型病虫枝和断裂枝的具体情况，确定整形修剪的具体位置，以及植株重心偏移情况。

b） 根据古树名木的不同生长特点，以及周边作业安全需要，制定有针对性的整形修剪方案，并在具备专业知识的人员指导下由熟练的技术工人操作。

c） 锯除大型病虫枝和断裂枝，应按从上到下，从内到外的顺序修剪，避免损伤活枝。若锯口高于活组织，应用凿子将心部的死木质凿去，使之低于愈伤组织。同时，将锯口周边的韧皮部切成倒梯字形，以利伤口愈合。

d） 修剪后所有的创面应使用波尔多液等伤口处理剂进行涂抹，减少创口被真菌等有害生物感染的几率。

7.3.2 支撑加固

7.3.2.1 对树体倾斜或重心不稳的古树，应及时支撑加固。

7.3.2.2 找好支撑点，宜用双腿钢架或与原树皮相似的假树干支撑，支架既要起到支撑树体的作用又要力求美观，支撑设施与树体接触之间需加弹性垫层，防止树皮损伤。

7.3.3 树洞修补

7.3.3.1 防腐、修补及填充材料的要求

a） 安全可靠，绿色环保，对树体活组织无害；

b） 防腐效果持久稳定；

c） 填充材料能充满树洞并与内壁紧密结合；

d） 外表的封堵修补材料包括仿真树皮，应具有防水性和抗冷、抗热稳定性，不易开裂，以防止雨水渗入。

7.3.3.2 修补措施

发现树洞应及时防腐或修补，修补前应先进行防白蚁处理，修补施工宜在秋、冬季天气干燥时进行，根据树洞的具体情况采取如下不同的措施。

a） 开放法 树洞不深或树洞虽大但不影响树体安全，或树洞虽大欲留做观赏时可采用此法。将洞内腐烂木质部彻底清除，刮去洞口边缘的死组织，直至露出新的组织为止，用硫酸铜溶液等消毒剂涂抹消毒，再用愈伤剂涂抹伤口。树洞有积水时可在适当位置设导流管(孔)，使积水易于流出。

b） 填充法 树洞大或主干缺损严重，影响树体稳定，可采用此法。填充封堵前可做金属龙骨，加固树体，再用弹性环氧树脂、木炭等混合物作填充物，填充材料必须压实，填充物边缘应不超出木质部，外层用仿真树皮覆盖美化。

7.3.4 肥力补给

7.3.4.1 针对树势衰弱的古树名木，加强肥力补给，及时施肥，以补充N、P、K元素为主，辅助施用缺乏的微量元素，均衡营养，采用沟施的方法或结合土壤改良增施有机肥。

7.3.4.2 对于生长极度衰退的珍贵古树，可用古树根灌助壮剂，促进古树根系生长，增强古树生长势。

7.3.5 土壤改良

7.3.5.1 古树根系分布区土壤板结严重或土壤含有害物质，应进行换土改良，清除板结和含有害物质的土壤。

7.3.5.2 根据土壤状况和树木特性添加复壮基质，补充营养元素。复壮基质宜用泥炭土或含腐熟有机肥的熟土，填至原土面，然后在整个原土面铺上合适厚度的沙质土并压实。

7.3.6 引根复建

根据榕属植物有繁茂气生根的特性，对植株主根发生腐烂、根部营养运输动力不足，树势衰弱的古榕树，应进行引根复壮。用劈成两半的中空竹杆夹住植株的气生根，中间填充棕榈纤维和少量营养土，使竹竿内保持较高的湿度，促使其气生根尽快落地，形成植株新的吸收主根，促进树势恢复。

8 古树替植

对主体树干严重腐烂、树势极度衰弱、无法复壮的古树，应根据现场情况进行替植复建，利用榕属植物的绞杀特性，将榕属植物小苗（株高 10-30cm）附生在衰弱古树树干上，使附生的植株逐步替代原有古树植株，保持古树原有的景观风貌，并形成新的景观。

附 录 A
（规范性附录）
古树名木复查每木调查表

表 A.1 给出了古树名木每木调查表

表 A.1 古树名木每木调查表

<table>
<tr><td></td><td>区</td><td colspan="2"></td><td>街道</td><td>原 ID</td><td></td><td>全市统一编号</td><td></td></tr>
<tr><td>中文名</td><td colspan="4"></td><td rowspan="2">科</td><td rowspan="2"></td><td rowspan="2">属</td><td rowspan="2"></td></tr>
<tr><td>拉丁名</td><td colspan="4"></td></tr>
<tr><td>树形</td><td colspan="2"></td><td>状态</td><td colspan="2"></td><td>估测树龄</td><td></td><td>年</td></tr>
<tr><td rowspan="3">位置</td><td></td><td>镇(街道)</td><td colspan="2"></td><td>社区、村(居委会)</td><td colspan="2"></td><td>村名</td></tr>
<tr><td>小地名</td><td colspan="7"></td></tr>
<tr><td>纬度(N)</td><td colspan="3"></td><td>经度（E）</td><td colspan="3"></td></tr>
<tr><td>树高（m）</td><td colspan="2"></td><td>胸径（m）</td><td colspan="2"></td><td>地围（m）</td><td colspan="2"></td></tr>
<tr><td>冠幅（m）</td><td>东西冠幅</td><td colspan="3"></td><td>南北冠幅</td><td colspan="3"></td></tr>
<tr><td>立地条件</td><td>海拔(m)</td><td></td><td>土壤</td><td></td><td>紧密度</td><td colspan="3"></td></tr>
<tr><td>生长势</td><td colspan="3"></td><td colspan="2">古树保护级别</td><td colspan="3"></td></tr>
<tr><td>树木特殊状况及生长环境描述</td><td colspan="8"></td></tr>
<tr><td>权属</td><td colspan="4"></td><td>原挂牌号</td><td colspan="2"></td><td>号</td></tr>
<tr><td>管护单位或个人</td><td colspan="8"></td></tr>
<tr><td>保护现状及建议</td><td colspan="8"></td></tr>
<tr><td>历史传说或来历</td><td colspan="5"></td><td>树种起源</td><td colspan="2"></td></tr>
<tr><td>调查者</td><td colspan="5"></td><td>日期</td><td colspan="2"></td></tr>
</table>

SZDB/Z 190-2016

附 录 B
（规范性附录）
古树名木养护记录表

表 B.1 给出了古树名木养护记录表

表 B.1 古树名木养护记录表

<table>
<tr><td></td><td>区</td><td colspan="3"></td><td>街道(镇)</td><td colspan="2">全市统一编号</td><td></td></tr>
<tr><td>中文名</td><td colspan="4"></td><td rowspan="2">科</td><td rowspan="2"></td><td rowspan="2">属</td><td rowspan="2"></td></tr>
<tr><td>拉丁名</td><td colspan="4"></td></tr>
<tr><td>树形</td><td colspan="2"></td><td>胸径</td><td colspan="2"></td><td>树龄</td><td></td><td>年</td></tr>
<tr><td>管护单位或个人</td><td colspan="3"></td><td colspan="2">联系人及电话</td><td colspan="3"></td></tr>
<tr><td>树木生长现状</td><td colspan="8"></td></tr>
<tr><td>养护措施</td><td colspan="8"></td></tr>
<tr><td>养护效果</td><td colspan="8"></td></tr>
<tr><td>备注</td><td colspan="8"></td></tr>
<tr><td>记录人</td><td colspan="5"></td><td colspan="2">记录时间</td><td></td></tr>
</table>

附 录 C

（资料性附录）

深圳古树常见虫害防治方法对照表

表 C.1 给出了深圳古树常见虫害防治方法对照表

表 C.1 深圳古树常见虫害防治方法对照表

<table>
<tr><th>为害类型</th><th>虫害名称</th><th>为害树种</th><th>诊断和防治指标</th><th>防治方法</th></tr>
<tr><td rowspan="5">食叶性</td><td>椰心叶甲（Brontispa longissima）</td><td>棕榈科植物（Arecaceae）</td><td>椰心叶甲为害棕榈科植物的心叶，取食叶肉，叶片受害展开后呈枯死状，严重时整株死亡。为此，诊断时需在心叶抽出但未展开时，抵近观察，若掰开心叶后发现有活虫为害即需防治。</td><td>1. 对公路、城镇街道两旁的棕榈科植株，以及新种植物以挂椰甲清药包的化学防治为主，6 个月后更换并持续 2 年。较高的植株可喷洒乐果、吡虫啉等。
2. 春夏季宜结合高温高湿气候，喷洒绿僵菌进行生物防治。
3. 对公园、居民区周边的植株宜人工释放椰心叶甲啮小蜂和椰心叶甲姬小蜂等天敌控制虫害发生。</td></tr>
<tr><td>灰白蚕蛾（Ocinara Varians）</td><td>榕属植物（Ficus）</td><td>低龄幼虫在嫩叶叶背取食叶肉，高龄幼虫进入暴食期后，可短时间吃光整株树的树叶。该虫第一代幼虫发生于 5 月上、中旬；第二代幼虫发生于 5 月下旬至 6 月上旬。诊断时修剪顶部新枝，观察叶背，若 1 棵树有 2 条新枝出现 10 只以上幼虫，即需防治。</td><td rowspan="3">1. 小面积发生时，及时修剪收集产于叶背面、枝条、树皮裂缝处的卵或茧，集中销毁。
2. 幼虫为害期喷洒 80%敌敌畏乳油 800-1000 倍液、90%敌百虫 800 倍液、50%对硫磷 2000 倍液。
3. 喷洒 100 亿/克菌量的杀螟杆菌 1000 倍液。</td></tr>
<tr><td>榕透翅毒蛾（Perina Nuda）</td><td>榕属植物（Ficus）</td><td>该虫以幼虫咬食叶片，严重时整株植物叶片被取食一空，该虫每年 5-10 月间发生，以 5-6 月最为普遍。诊断时修剪顶部新枝，观察叶背，若新枝出现 10 只以上幼虫，即需防治。</td></tr>
<tr><td>凤凰木夜蛾（Pericyma cruegeri）</td><td>凤凰木（Delonix regia）</td><td>该虫以 7、8、9 月为害严重，幼虫取食叶片，残留叶柄亦会自行脱落，加重对树木的影响，此外还吐丝下垂，影响行人。诊断宜在傍晚时用竹杆敲打枝条，若垂丝的幼虫超过 10 只，即需防治。</td></tr>
<tr><td>曲纹紫灰蝶（Chilades pandava）</td><td>苏铁（Cycas revoluta）</td><td>主要以幼虫群集蛀食苏铁新抽羽叶和叶轴，在 2-3 天内能将新羽叶为害成残缺不全甚至全部吃光，仅剩破絮状的残渣和干枯叶柄与叶轴。诊断时注意观察苏铁新叶，若发现有虫卵和幼虫，即需防治。</td><td>1. 当新羽叶刚露出时即以纱网罩住，可防止雌虫在嫩叶上产卵。
2. 20%杀灭菊酯乳油杀卵效果明显，2500-3500 倍液杀卵率均在 93%以上；可喷洒 20%灭扫利乳油 800 倍液和 1000 倍液和 40%氧化乐果 800-1000 倍液。</td></tr>
</table>

为害类型	虫害名称	为害树种	诊断和防治指标	防治方法
	樟蚕（Eriogyna pyretorum）	樟树（Cinnamomum camphora）、枫杨（Pterocarya stenoptera）	樟蚕在深圳1年发生1代，以蛹在茧内过冬。翌年2月底成虫开始羽化开始为害樟树。诊断时利用黑光灯晚上诱樟蚕成虫，若成虫为5只以上，则在1个月内要加强巡查和防治。	喷洒81%马拉松2000倍液，或80%敌敌畏、90%敌百虫、10%氯氰菊脂1000倍液。
刺吸性	刺桐姬小峰（Quadrastichus erythrinae）	刺桐属植物（Erythrina）	该虫为害的刺桐属植物的叶、花、果荚、嫩芽、嫩枝等部位，为害植株受幼虫的刺激，植株出现畸形、肿大的虫瘿，最终因营养枯竭而死。诊断时注意观察植株顶芽，若发现虫瘿即需防治。	1. 将受侵染叶片、嫩枝剪除，并清理落在地面的虫瘿及枝叶，并将叶片、嫩枝集填埋销毁。 2. 人工剪除病虫枝后，用氧化乐果500倍液或“虫线清”乳油100-200倍药液等内吸及渗透性较强的杀虫剂对刚萌发的新芽进行喷雾防治，同时对发生区周围的植物进行喷药预防。
	荔枝瘿螨（Eriophyes sp.）	荔枝（Litchi chinensis）、龙眼（Dimocarpus longan）	该虫为害的症状称为“毛毡病”。每年新枝的嫩叶开始呈现黄绿色圆斑，叶背出现淡化的绒毛，一个月后绒毛变为黄褐色，叶片最后干枯死亡。 该虫在2月中旬以后，气温在18-20℃以上时开始活动，8-9月后新抽出的叶片受害最重。诊断时注意观察新抽叶片的背面，若1株植株4面的新枝条中有2面以上发生虫害，即需要防治。	1. 剪除受害的叶片、嫩枝。 2. 在抽新芽的时候，可交替喷洒73%克螨特乳油2000-3000倍液或20%三氯杀螨醇乳剂800倍液，防治效果好。
	荔枝蝽象（Tessaratoma papillosa）	荔枝（Litchi chinensis）、龙眼（Dimocarpus longan）	成虫、若虫均刺吸嫩枝、花穗、幼果的汁液，导致落花落果。其分泌的臭液触及花蕊、嫩叶及幼果等可导致接触部位枯死。诊断时若1株植株4面的新枝条中有2面以上发现虫害，即需防治。	1. 利用平腹小蜂防治荔枝蝽。 2. 早春越冬成虫尚未大量产卵前，喷洒敌百虫液800－1000倍，消灭越冬成虫。若虫期喷第2次药，大量消灭3龄若虫。
	介壳虫类	樟树（Cinnamomum camphora）、苏铁（Cycas revoluta）	春季该虫若虫孵化后群出爬离母介壳，并在寄主上分散爬行后固着取食，常集中在植株较幼嫩叶柄、顶芽和枝条分枝处。诊断时若1株植株4面的新枝条中有2面以上发现虫害，即需防治。	1. 改善栽培管理，适当修剪，使环境和植物通风透光。 2. 注意保护黑缘红瓢虫等天敌。 3. 在若虫涌散期，可选用81%马拉松1000倍液，40%氧化乐果乳油或25%亚胺硫磷1000倍液，每隔7-10天喷1次，连续3次，可有效抑制其发生为害，另外，可选用40%速扑杀乳油1000倍液，或25%优乐得可湿性粉剂1000倍液，于4、5月间用药效果较明显。
	埃及吹绵蚧（Icerya aegyptiaca）	细叶榕（Ficus microcarpa）、樟树（Cinnamomum camphora）、白兰（Michelia alba）、木棉（Bombax ceiba）等大部分古树	该虫在深圳4月下旬至11月中旬发生数量最多。若虫和成虫成群聚集在新梢及叶背的叶脉两旁吸取汁液。严重时整个叶背被白色棉絮覆盖，同时，该虫还分泌蜜露，常导致被害树木发生煤污病。诊断时若1株植株4面的新枝条中有2面以上发现虫害，即需防治。	
钻蛀性	秋枫木蠹蛾（Cossidae）	秋枫（Bischofia javanica）	该虫以幼虫蛀树干为害，主要取食植株的韧皮部，蛀道较浅，经常被虫粪和丝网覆盖，严重时造成树干干枯、容易造成风折，深圳每年4-8月为发生盛期。诊断时注意用扫帚擦拭树干，当发现新鲜虫道时，即需防治。	1. 及时修剪虫枝。 2. 幼虫危害期用50%敌敌畏乳油1：50倍液往排粪孔注射，或用黄泥、敌敌畏按1：5的比例拌成泥浆堵塞坑道，使幼虫窒息死亡。

为害类型	虫害名称	为害树种	诊断和防治指标	防治方法
钻蛀性	红棕象甲（Rhynchophorus ferrugineus）	棕榈科植物（Arecaceae）	在深圳该虫每年发生 2-3 代，集中爆发期为 5 月和 11 月，幼虫为害棕榈科植物叶鞘内的生长点，钻食柔软组织，严重时可使树干成为空壳。诊断时注意观察叶鞘是否有流胶的虫孔，若有即需防治。	1. 在植株叶鞘部位找到蛀孔，用 50% 敌敌畏、乐果乳油 1：50 倍液往排粪孔注射； 2. 用黄泥、敌敌畏等农药按 1：5 的比例拌成泥浆堵塞坑道，再用保鲜膜包裹树干，熏蒸毒杀幼虫。
	橙斑白条天牛（Batocera davidia）	木棉（Bombax ceiba）	幼虫在植株的韧皮部蛀食，虫道不规则，并逐渐深入木质部为害。被害树木生长衰弱，甚至枯死。诊断时注意观察主杆上的蛀孔，若发现蛀孔外有新鲜虫粪，即需防治。	1. 对风折木、冻伤及树势衰弱的树木要及时清除。 2. 找到幼虫蛀入孔，可用棉花蘸上敌敌畏、敌百虫等农药原液，加水少量，塞入虫孔，毒杀幼虫。
地下害虫	蛴螬类	为害树根	该虫主要为害根部，常将根部咬断，使植株枯萎。可在树冠投影外浅刨地面，若发现 1 平方米的区域内多于 1 只蛴螬，即需防治。	1. 避免施用未腐熟的有机肥。 2. 当根部已发生蛴螬为害时及时用药液淋灌。可在根际施用 3%呋喃丹 20-30 克/平方米，或 50%辛硫磷 800-1000 倍。施药时期要严防游人入草坪，避免出现农药中毒事故。
其他害虫	白蚁类	樟树（Cinnamomum camphora）、细叶榕（Ficus microcarpa）、龙眼（Dimocarpus longan）	多种土栖白蚁都取食植物的根、茎，并能蛀空树干，使树木容易倒伏、折断。诊断时注意观察植株根茎周围是否有蚁穴，树干是否有白蚁活动的蚁道和泥线，若有则即需防治。	1. 对远离民居的古树，可喷洒毒死蜱或戊氰菊酯等进行防治。 2. 对靠近居民区的古树，应使用毒饵（氟虫胺等），将饵剂施放在白蚁/红火蚁活动处，让工蚁自由取食并将有饵剂料带回巢内，经交哺行为将药剂传播给同巢个体，最终导致整个巢群死亡。
	红火蚁（Solenopsis invicta）	樟树（Cinnamomum camphora）、细叶榕（Ficus microcarpa）、龙眼（Dimocarpus longan）	该虫主要为害植株幼芽、嫩茎与根系，而且进攻体型相对大的昆虫、鸟类等。部分人被其咬伤后有严重的过敏反应，严重者能致死。诊断时注意树根周围是否有隆起的蚁穴，若有即需防治。	

SZDB/Z 190-2016

附 录 D

（资料性附录）

深圳古树常见病害防治方法对照表

表 D.1 给出了深圳古树常见病害防治方法对照表

表 D.1 深圳古树常见病害防治方法对照表

虫害类型	虫害名称	为害树种	诊断和防治指标	防治方法
叶面病害	煤污病（Fumago sp.）	大部分植株	主要为害叶片影响植物的光合作用，最初被害部产生黑、辐射状小霉斑，后逐渐蔓延至全叶，使叶片及叶柄表面复盖上一层煤烟状物。该病菌以蚜虫、介壳虫的分泌物为营养，在湿度大、通风不良、介壳虫严重发生的年分，该病为害重。	1.修剪病虫老枝枝叶，改善通风条件。 2.及时用速扑杀或吡虫啉等药剂扑杀蚧壳虫。 3.发病期交替喷 30%氧氯化铜 600 倍液或 50%退菌特 500 倍液，可杀灭病原菌。
	白粉病（Oidium sp.）	樟树（Cinnamomum camphora）、紫薇类（Lagerstroemia）	病菌主要为害叶片、幼茎。受害部位初期出现黄色透明小点，很快铺满白色粉状物，此即为病菌的子实体。严重时病株叶片扭曲变形，顶端干枯，凋萎脱落。	1.及时淋水，施用钾肥，提高植株抗病力。 2.发病期间喷洒 20%嗪氨灵乳油 1000-1500 倍液，或 50%复方硫菌灵 600-800 倍液，或 50%硫磺悬浮剂 200-300 倍液。
	炭疽病（Gloeosporium sp.）	苏铁（Cycas revoluta）、高山榕（Ficus altissima）	感病初期叶片出现黄色小点，常先发生于叶尖或叶缘，后扩大为近圆形或不规则形的病斑，褐至灰褐色，边缘深褐色，稍凸起，外围有黄色晕环，有时病部出现环状纹带，并长黑色小点。	1. 庭园应清除落叶，集中烧毁；盆栽植株应放置通风透光处。 2. 发病前可喷 1%波尔多液，或 75%百菌清 600 倍液或 25%炭特灵 500 倍液。
枝干部病害	基腐病等大型真菌类	细叶榕（Ficus microcarpa）、凤凰木（Delonix regia）	病菌从伤口处侵入树干，植株感病后，外围老叶先行变黄凋萎、脱落，严重时全部主侧枝干枯，最后整株枯死，第二年夏初在干基处长出大量大型子实体。	1.发现病株及时处理，要连根挖除，并消毒土壤，以杜绝后患。 2.对轻病株，挖除病根并刮除根颈感病部位，涂上用 10%十三吗啉加软沥青煤焦油，作为保护剂，并在病株周围淋灌 0.75%的十三吗啉药剂 3-5 公斤，回土覆盖，效果较好。
	流胶病	杧果（Mangifera indica）	此病主要发生于枝干，尤其在主干和主枝丫部。枝干发病时，在树皮或裂口处流出淡黄色透明的树脂，树脂凝结后渐变为红褐色。病部稍肿胀、皮层和木质部变褐腐朽，易被腐生菌侵害。病株叶色黄而细小，发病严重时，枝干枯死。	1. 加强栽培管理，选育抗病品种。 2. 防治蛀食枝干的害虫，预防虫伤。枝干涂白，预防冻害和日灼伤。 3. 台风后，或在萌芽前削除病部，对伤口涂 5 度石硫合剂，然后涂波尔多浆保护。

根部病害	根腐病	细叶榕（Ficus microcarpa）、樟树（Cinnamomum camphora）	病菌从植株一侧的根系侵入，植株感病后，外围老叶先行变黄凋萎、脱落，严重时全部主侧枝干枯，最后整株枯死，第二年夏初在干基处长出大量灵芝子实体。	1.及时挖除带病体，并用波尔多液进行消毒。 2.及时施用腐熟的有机肥，增施钾肥，提升植株长势。